KB123025

미세스
로빈슨
표류기

오늘도 간절히 아기를 기다리며
힘든 나날을 보내는 예비 엄마 아빠들에게,
애 키우며 돈 버느라 눈물콧물 쏙 빼며 살고 있는
워킹맘들에게,
왼종일 애만 바라보고 살다
투명 인간이 돼버린 전업 맘들에게,
아 그리고 결혼을 해야 하나 말아야 하나
결혼 생활에 대해 궁금한 것이 많은
결혼 적령기의 미혼 남녀들에게
이 책을 바칩니다.


바쁘고 지친 일상에 잠시 미소 지을 수 있기를,
책을 들고 있는 동안이라도 휴식할 수 있기를,
활력이 될 수 있기를···

2014년 9월에 로빈슨 드림.

워킹맘은


오늘도
매운 눈물을
흘린다

나는 미세스 로빈순. 아들 쌍둥이를 키우며 직장을 다니는 워킹맘입니다. 직장 생활과 육아를 병행하며 눈이 팽팽 돌게 힘든 시기를 버티고 있습니다.

아침마다 엄마 출근하지 말라고 통곡하는 아이들을 떼어내고 집을 나서면, 야근과 출장을 밥 먹듯 하는 회사에서 살아남기 위해 고군분투하다가 10분이라도 서둘러 일을 마치고 총총 귀가하지만 아이들은 이미 잠들었고 지친 표정의 도우미 이모님만이 저를 맞지요. 회사 눈치, 이모님 눈치, 아이들 눈치 보며 사는 하루하루가 시집살이보다 더 맵고 힘겹네요.

## 야근은 내 운명

야근 괜찮나?
샌드위치 어때?
간단하게 먹고
이것저것 정리 좀 하자고.

어제 퇴근 무렵, 보스께서 별일 없느냐고 물어보시더니
야근 제안. 일이 많아서 샌드위치를 주문하신 눈치였다.
그래서 단호하게 거절! 하고서…
김밥을 시켰습니다. 네, 전 상사가 남으라면
남는 힘없는 과장 나부랭이에요… 흑.

## 엄마 아빠는 하숙생

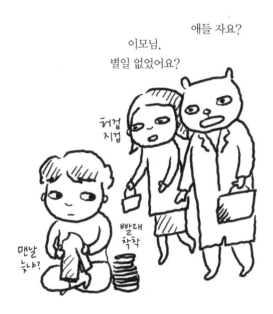

애들 자요?

이모님,
별일 없었어요?

허겁
지겁

맨날
늦냐?

빨래
착착

우리 집은 하숙집이다.
매우 마음 넓은 하숙집 주인 아주머님께서
손자들로 추정되는 쌍둥이를 키우고 계신데,
곰돌 군과 내가 매달 돈을 드리고
냉장고를 채워드리는 대가로 잠을 자고 밥을 얻어먹는다.

7

## 삭신이 쑤시는구나

월요일 아침이면 온몸이 쑤시는 것이
바로 쌍둥이 육아의 묘미.
나처럼 노산인 경우는 곱하기 2.

오늘 출근하려고 애들에게 인사하는데
준이가 처음으로 목례를 했다.
인사하라고 가르쳐줘도 그렇게 안 하더니.
굳은 어깨에 갑자기 의미가 부여된다.

30개월인 지금이 제1 반항기라고 육아 책에서
읽은 것 같은데 진짜인가 보다. 이번 주말에만 애들이
바닥에 주저앉아 울고 안 걷겠다며 생떼를 쓴 것이 서너 번.
그런데 힘들게 하는 만큼
또 얼마나 예쁜 짓들을 하는지 모른다.
이놈들이 살아남는 방법을 아주 제대로 알고
부모 마음을 쥐락펴락한다.

## 미안해 엄마가 정말 미안해

매일 아침 이모님께서
아침 식사를 준비하시는 동안
나는 애들을 깨워
기저귀를 갈고 놀아준다.

앙앙
엉엉
꺼이
꺼이

등을 활처럼 만들며
다리를 꼿꼿하게
쭉 펴는 것이 포인트

식사가 준비되면 이모님께 애들을 맡기고
후다닥 밥을 먹고 출근 준비를 해야 하는데
이때 꼭 준이가 운다. 매일 진짜 서럽게.
달래고 혼내고 가끔 맴매도 한다.
준아, 훈아, 미안해. 엄마가 정말 많이 미안해.

## 목이 메는 순간들

월요일 아침이 싫다. 아주아주 싫어죽겠다.

애들은 엄마가 왜 자기들을 두고
출근해야 하는지 이해할 수 없다.
매달려도 보고 글이나 책을 읽어달라고
떼를 쓰기도 하지만 엄마는 매몰차게 떠날 뿐이다.

멀쩡하게 오전 근무를 잘 하고 점심 도시락을 먹고 있다.
그런데 일기 그리다가 애들 생각에
잠깐 목이 메어 아주 조금 울었다.
눈물 닦고 코 풀고 다시 밥을 먹는다. 처묵처묵.
그러고 보면 캔디는 참 독한 년이다.
어떻게 외로워도 슬퍼도 안 울 수가 있담.

**아프지 말기로 해**

애들을 데리고 병원에 들렀다가 출근했다.
지난주에는 하루 출근을 못 했는데
오늘은 한 시간 지각.
회사에 은근히 눈치가 보인다.

제발
잠을 좀 자고 싶다...
얘들아 그만 좀 아프렴.
엄마 죽겠어 ...

베리
다크서클

열나고 콧물 찔찔, 기침을 하면서도
엄마 손 잡고 밖에 나간다니 애들은 좋단다.
에효 이 녀석들. 그만 좀 아프자.
제발 부탁이다.

**울화**

또 야근.

많은 것을 바라는 것도 아닌데
왜 자꾸 이렇게 되는 걸까. 겉은 멀쩡하지만
속에서는 뭔가가 부글부글 끓고 있다.
화가 나서… 책상을 정리했다.

**자존심보다 중요한 것**

직장 생활의 고달픔을 잠시 언급하자면…

삽질인 줄 알면서도
삽질을 열심히 해야 하는 경우도 있고
배가 산으로 가는 것을 알면서도
어떻게 해서든 이고지고
산으로 올라가야 하는 경우도 있다.
주로 묵묵히 인내해야 할 때가 많다.

예전에는 하던 일이 삽질인 것을
아는 순간 분노했다.
너무 명백한 삽질인데도 알려주지 않은 상사를 욕하고,
이해할 수 없는 관행을 저주하며
사직서를 던지기도 했다. 책임져야 할 게
나 자신뿐이어서 거침이 없었다.


내가 그동안 배운 것들 :
1  완벽한 조직은 없다.
2  세상살이에 필요한 것은 타협이다.
3  사직서를 내기 전에 갈 곳이 있는지를 꼭 검토해야 한다.
4  내 자존심보다 중요한 것은 우리 애들 밥과 책과 옷이다.

## 한의원은 나의 안식처

사람 근육이 아니라
육포 같아요.
잠을 거의 못 자나봐요?

아…
애들이 아파서요….

애들이 같이 아파요?

쌍둥이인데
한 놈 아프고
다른 놈 아프고
그러네요.

병날 만하네요.
힘들어도 키워놓으면
뿌듯할 거예요.

눈물 찔끔

며칠
와야겠어요

어깨가 너무 아파 한의원에 갔는데 어깨만 고장난 게 아니라고 한다.
멀쩡하면 오히려 이상하겠지.

**가족이 있어서 버틴다**

라스트 나이트.

곰돌 군이 있어서, 애들이 있어서, 가족이 있어서,
내가 버티고 있구나 싶었다.
장담하는데 내가 지금 혼자였다면
이미 오래전에 사표 쓰고 때려치웠음.

오늘 하루 또 잘 버텨봐야지.
요즘은 아니지만
가끔 일이 재미있을 때도 있었잖아.
뤼멤벌?

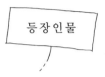

등장인물

**이름 : 로빈순**

나이 : 74년생

평범하면서도 약간은 소심한
대한민국 아줌마.
2006년 곰돌군과 결혼,
5년만에 쌍둥이 엄마가 된 후
열심히 다니던 직장을
더욱 열심히 다니고 있다.
모토는 "가늘고 길게".
도시락을 좋아함.

**이름 : 곰돌 군**

나이 : 40대 중반(이지만 스스로
젊어보인다고 주장하며 해맑게 살아감)

평범한 회사원.
마흔이 넘어
아빠가 되어서 그런지
아이들 육아에 적극적이며
특히 잘 먹는데
포인트를 맞춤.
특기는 마누라에게 잔소리 하기.

**이름 : 준이**

나이 : 4세

자동차, 버스, 기차 등
주로 탈 것을 사랑하며
잘 때도 훼이보릿 자동차를
손에서 놓지 않는다.
나가면 주로
"엄마 닮았네" 소리를 듣는다.
1분 차이로 형,
동생을 견제하는 것을
매우 중요시 함.

**이름 : 훈이**

나이 : 4세

숫자와 알파벳을 좋아하고
블록이나 같은 크기의 물건을
각 잡아 배열하는 것을 좋아한다.
나가면 "아빠 닮았네" 소리를 듣는다.
비슷한 또래의
여자애들에게는 관심 제로,
20대 누나들 흠모.

# 눈물 콧물 쏙 빼는

# 쌍둥이 키우기

워킹맘의 삶이란 늘 고단하지만 진정한 육아 암흑기는 아이들의 신생아 시절이죠. 임신 막달까지도 여유 없었던 직장 생활을 뒤로하고 마침내 만난 두 아기. 꼬물꼬물 살아 숨 쉬는 아기가 결코 '천사'만은 아님을 알게 되었습니다. 잠을 못 자 정신은 늘 혼미했고, 육신은 녹아내릴 것처럼 피곤해도 아기가 보채면 안고 달래야 했던, 세수하는 것조차 사치였던 시절…. 돌아보니 새삼 눈물겹네요.

**남산만 한 배**

발톱 깎고 지쳐서
방바닥에 쓰러진 임산부

휴..

배가 너무 나와서 몸이 안 접히니 발톱 깎는 게 보통 일이 아니네요….
가까이하기엔 너무 먼 당신….

아직 두 달이나 남았는데
배는 이미 남아운턴 ㅜㅜ

**태동**

지난주, 밤에 자다가 오른쪽 배에서
태동이 너무 심하게 느껴져 깬 적이 있음.
아, 정말 너무 아팠는데
오른쪽 둥이가 한 바퀴 돈 게 아닌가 싶을 정도.

애들이 건강하다면 괜찮지만... 이제는 갈비뼈까지 아파.

푹푹

쾅쾅

꼬물꼬물

우당탕

아니나 다를까 얼마 전까지
둘 다 머리를 아래로 향하고 있었는데
어제 병원에 가보니 오른쪽 둥이가
머리를 위로 하고 있네요.
I knew it!

하루 종일 치골과 갈비뼈가 쑤시고
허리도 아프고 다리도 아픕니다.
세상의 모든 엄마들 정말 대박 존경!!!

남자들이여
와이프를 여왕으로 추대하라

**시크한 아빠**

다른 남편들과는 달리 마눌님께서
임신 8개월이 되도록 초음파를 보러 산부인과 병원에
한 번도 동행하지 않은 쿨한 남자 곰돌 군.
추억이 될 수도 있겠다는 생각에
같이 가자고 했더니 뭐 딱히 반항하지는 않아
함께 병원으로 고고.

초음파를 보고 나온 후,

어땠어?
막 신기하지?
애들 완전 큰 거 같지?
감동 받았어?
다른 남편들은 감동 받아
울컥하기도 한대.

뭐...
솔직히 뭐가 뭔지
잘 안 보이던데...

기대

금직

이러고 나서 병원 편의점에서
하겐다즈 아이스크림 사드신 곰돌 님입니다.
… 이게 다 무덤덤, 무감각의 대명사
오씨 집안에 시집온 제 잘못이죠.

## 우리 엄마

마덜과의 전화 통화

그럼 엄마가 한국에
언제쯤 가면 될까?
지금 예약해야 해.
You know 12월은 성수기.

수술하게 되면 며칠
입원해야 하고 산후조리원도
있으니까 너무 일찍오지 마셈!

그건 그렇고
엄마는 별일 없어?
아픈 데 없지?

사실은 뉴스가 있어…
엄마가 처음으로
비싼 가방을 하나 샀어…

(명품이라도? 알뜰녀 백여사가
웬일이지? 한 천 달러 썼나?)
마음에 드는 거 샀으면 됐지 뭐.
얼마짜리 샀는데?

Tax 포함해서
130달러.
근데 완전 마음에 들어.
한국 가서 빌려줄게. 가죽임.

기분 up

백여사 사랑합니다 ~

평생 알뜰히 살아온, 너무 소박한 우리 엄마.
갑자기 코 끝이 찡하네요.

## 막달까지 일복

아무래도 회사에서 출산휴가 가기 직전까지
일이 휘몰아칠 모양이다.
이번 주말까지만 나오고 쉬고 싶은데…
정말 꼭 필요하다면 이번 달 말까지.

저기요, 보스님,
제가 아무리 일복 터지는 팔자라도 더 이상은 못 나와요.
진짜… 이러다가 회사에서 애 낳으면
아무래도 난감하실 텐데요.

내가 정말
출산휴가라는 걸
갈 수 있는
팔자일까?

저절로 나오는
뒷짐 자세

## 그리운 아버지

아버지가 하늘나라에서 다 보고 계시겠죠?
구시렁대지 않고 회사 열심히 다닌다고
자랑스러워하실까요?

제가 대학을 졸업하던 해
1997년 11월에 뭐가 그리 바쁘다고 급히 떠나신 그분.
어느새 10년도 훨씬 더 지났네요.

## 잠 못드는 밤

출산을 앞두고 이런저런 생각이 많다.

회사는 점점 바빠지고 애 둘을 키우면서
출장도 가라는 직장에서 버틸 수 있을까….
퇴직금 받아 1년이라도 애들 내 손으로 키우고
그 후에 취직할까…
하지만 그때면 내 나이 마흔일 텐데
괜찮은 정규직 구할 수 있을까…
대단한 연봉을 받는 것도 아닌 내가 뭐가 대단하다고
남의 손에 애들을 맡기나…
하지만 요즘 물가에 외벌이로 사는 것이 가능은 한가….

잠이 안 오는 이유 :
1 불편해서
2 자꾸 쉬 마려워서
3 온갖 잡생각

쿨쿨 음냐음냐

툭
꿈틀꿈틀

휴…
이래서 사람들이 복권을 사나봐요….

어제 곰돌 군의 회사에서
송년회가 있었는데
제비뽑기를 해서
서로 한 명씩 선물을 사주는
이벤트를 했다고 한다.
곰돌 군의 이름을 뽑은 직원이
이런 귀여운
크리스마스 양말을 사줬다며
들고 왔다(물론 한잔 걸쳐
얼굴은 벌게가지고).
도톰한 소재의 양말이
너무나 앙증맞아
TV 앞에 놓아두었더니
곰돌 군이 한 켤레 더 사오겠단다.

**믿기 힘든 행복**

사실은 아기용품을 보고도 아무렇지 않게
웃을 수 있는 날이 온 것은 몇 달 되지 않는다.
얼마 전까지만 해도 나는
마트에서 아이를 앉히고 쇼핑 카트를 미는
부부들을 보면 가슴이 시렸고, 백화점에서 유모차를 끌고
엘리베이터를 타는 엄마 아빠를 똑바로 보는 게 힘들었다.
그들을 부러워하고 질투하는 내 자신이 처량해서
티 내지 않으려고 안간힘을 썼다.

정확히 결혼 4년 반 만에 임신이 되었을 때는 믿기지도 않았다.
그렇게 쓰고 싶었던 태교 일기를 쓰기 시작하면서도
혹시나 이게 다 꿈은 아닐까 싶어서 내내 초조했다.
자고 일어나면 다 없어질 것만 같은
불안한 그 마음을 누가 알까.
쌍둥이어서 배가 빨리 나오는 게 오히려 기뻤다.
배가 불러오는 건 내가 임신했다는 가장 확실한 증거니까.
잠결에도 배를 쓰다듬어보면 행복했다.
하지만 주위에서나 병원에서는 나이도 많고
쌍둥이라 조심해야 한다는 말을 많이 했다.
임신성 당뇨, 임신중독증 가능성이 높고
조산의 위험도 훨씬 높다고들 했다.
들을 때마다 살짝 서운했지만 뭐 다 사실이긴 하다.
그래서 더 조심하려고 노력했으나 가족력도 있는 관계로
결국 당뇨는 피해갈 수 없었다.
나머지를 비켜 갔으니 이 정도면 감사하고도 남지만.


어제는 사놓은 젖병을 처음으로 씻어봤다.
젖병세정제가 따로 있고 길쭉하게 생긴 솔로 닦아
소독해야 한다고 해서 그렇게 해봤다.
젖꼭지 부분을 닦는 작은 솔은 또 따로 있다
(큰 솔 손잡이가 뚝 떨어지길래 깜짝 놀랐는데 그 속에 있더군).
이 모든 게 내게는 참 신세계로다.
아! 그리고 절친 양 여사가 선물로 준 젖병살균기를
처음 사용했는데 정말 간편하다.

방금 전에는 인터넷으로 구입한 카시트가 배달되었다
(생각보다 상자가 엄청나게 커서 놀랐음).
이제 곧 나도 유아용품 구매가 익숙해지겠지.
이런 물건들이 집에 쌓여가고
집안 꼴이 난장판이 되는 게 어색하지 않겠지.
늘 차분하고 조용하던 우리 집도 이제 곧 시끌벅적하고
지저분한 게 일상이 되겠지.
나와 곰돌 군은 엄마 아빠라는 이름으로 다시 태어나겠지.
우리 삶이 많이 달라지겠지.
힘들어도 그게 삶이고 행복이겠지….

**날 잡았습니다**

출근길에 병원 방문.

영애 언니 마흔에도
남매둥이 자연분만했대서 살짝 기대했는데
그거그거 쉬운 게 아닌가봐요…
저 그냥 날 잡았습니다.

12월 8일.

어우 겁나! 엉엉엉!!
그건 그렇고 출근은 내일까지.
힘내라 로빈슨!

보이시죠?
애들이 저렇게...
자연분만 NO
날 잡아서 수술...

니네들...
두고 보자고.

43

## 출산휴가 시작

생각해보니 고등학교 시절부터
주말과 방학이면 알바를 했고
졸업 후 꾸준히 일해왔기 때문에
3개월이나 일을 안 하는 것은 처음이다.

그러나 출산 전까지 남은 시간은 겨우 일주일.
해야 할 일을 생각해보니….

집 정리와
청소·빨래등등

카시트
하나 더 구입,
장착

출산 가방
최종 체크
(뭔가 빠진 듯)

각종 설명서
공부

소독기 등등 닦아서
세팅하고 시험 운전

애들 옷은
충분한가?
잘 모르겠음.

소독기
설명서

가습기 등 구입

기저귀 충분?
역시 잘
모르겠고…

회사보다 출산휴가가 더 두렵네요. ㅜㅜ

45

## 하루 스케줄

출산휴가 첫날.
일단 생각보다는 무척 바빴음.
집에 있으니 은근 할 일 많네그려…

수고해.
아누라는 아침 먹었으니
좀 더 잘게.

그래, 갔다올게.
밥 잘 먹어라.

7am

두어 시간 자다가 일어나
꿀 차 먹으며 TV시청.
친절한 미선 씨를 보며
애들을 영어영재로 키운
엄마들을 존경하게 됨.

But
난 저렇게
못 해…

10am

점심 먹고 청소 및 빨래.
부엌 정리.

2pm

우리 집 진짜
더럽다···

허리 받치고···

윙~

회의 참석차 서울에 오신
양 여사님께서 방문.
금쪽같은 시간을 쪼개 유축기 사용 및
모유수유 1:1 과외를 해주시고
딸랑이 오듈 대여.
사랑해요 양 여사님 ~

4pm

별거 아녀

그분이
오신다기에
머리 묶고
세수했음.

이제 저녁 해야겠네요···

와~ 하루가 눈 깜짝할 새에 지났음.

아까워라 ~
백수 체질인가?

## D-6

멍하니 TV를 보다가
갑자기 D-6이라는 걸 깨닫고 불안하기도 하고
뭔가 기분이 묘해져서
방에서 거실로, 부엌으로 왔다갔다…
회사에서 근무할 때는 별생각 없었는데
집에 있으니 안정이 안 되는 듯.

출산 1주일 전:
"출산의 두려움과 긴장을 풀고 즐거운 마음으로
아기를 기다린다. 또 언제든 병원에 갈 수 있도록
자주 목욕을 하고 입원 준비물을 챙겨
잘 보이는 곳에 준비해둔다."

머리 쭈뼛

샤워할까?

임신·출산

이틀 간
갈아입은 잠옷

꼬질

오늘의 결심:
병원 가는 날 까지
매일 샤워하고 머리 감기.

약속

그러잖아도 저녁 때 씨스틸 님께서
조카들을 데리고 올라오신다니
(마산에서 비행기로 슝) 일단 씻기는 해야겠네요. ㅋㅋ

## 쌍둥이의 탄생

애들을 낳고 뭐가 뭔지 모른 채 병원에서 며칠이 지났다.
예상보다 애들이 별로 사랑스럽지 않아서
모성애가 없나보다 하고 걱정했는데
시간이 지날수록 애들이 예뻐 보이더라.
나 엄마 맞음.

출산을 해도 감격하거나 애들이 너무나 아름다워서
눈물을 흘리거나 하지는 않더군요
(배가 고파서 울 뻔하기는 했네요).
좀 덤덤했지만 책임감으로 마음이 무겁습니다.

## 젖소 신세

새벽에 유축하고
깔때기 씻으러
가는 중 (졸려서
정신 없음)

새벽 포함해서 하루 종일 유축하는 거 정말 힘들구나.
젖소와 뭐가 다른가.
조리원에서 도움받는 부분이 많기는 하지만
내가 해야 하는 일도 많아 꽤 바쁘다.
집에 가면 어떻게 될지 상상이 안 된다.

세상에서 제일 무서운 젖몸살.
조리원에서 마사지로 풀어주시지만
어우… 너무너무 아파요. ㅜㅜ
마사지 안 받으려고 틈만 나면 가슴이 뭉칠까봐
스스로 풀어주다보니
이건 뭐 하루 종일 젖을 만지고 있는 느낌?

내 찌찌는
소중하니까요.

다음 생엔
찌찌 없는
삶을 살고 싶다.

## 모자간의 서먹함

아무리 내가 낳은 애들이라도
처음엔 무척 서먹서먹했다.
볼 때마다 어쩔 줄 몰라서
왠지 인사라도 해야 할 것 같았는데
이제 3주가 지나서 다행히 많이 익숙해져 간다.
애들 이름을 부르는 것도 어색하지 않다.
나 자신을 엄마라고 부르는 것도 좀 편해졌다.

뭐든지 익숙해지려면 시간이 필요한가보다.

어색해서
시선을 떨구는
엄마

?        ?

모자간에
이 서먹함은
뭔가요 ?

## 철야 육아

조리원에서 집에 온 지 나흘.
친정엄마가 와 계시는데도 쉴 틈이 없다.
밤에 잠을 못 자는 게 가장 힘들다.
먹이고 트림시키고 재우고
안아주고 기저귀 갈고 무한 반복…
세수할 시간도 없다.

비몽사몽

꿈인지 생시인지

흐느적
흐느적

피곤피곤

밤인지
낮인지

그게
어제였는지
오늘이었는지

세수도 안한 지
며칠째

끄리끄리

육아가 힘든 가장 큰 이유는 잠을 못 잔다는 것.
처음 사흘은 정말 한숨도 못 잤고
지금은 남편 퇴근 후 한두 시간,
그리고 밤새우다시피 하며 토막토막 조는 거 합하면
한 시간쯤 더 잔다.
이러니 정신도 오락가락.
잠 못 자서 죽었다는 사람은 없으니까 힘내자.

## 상상 초월의 노동

애들이 분유 토하고
소변 쏘아댄
잠옷 그냥
입고 있음

밤 낮이 바뀐
테러리스트
두 놈

애들 키우는 게 쉬울 거라고
생각하지는 않았지만 정말 너무 힘들다.
회사였다면 상상을 초월하는 업무량과 연속적인 철야 작업.
노동부에 신고할 만한 상황인데 이건 회사도 아니고
내가 자처한 일이니 누굴 탓하리.
시간이 흐르면 좋아지겠지….

## 분노와 피로의 나날

또 밤이다.
내게 낮과 밤은 큰 의미가 없지만
거실에서 밤을 새우는 것은 나만의 임무이니
혼자 애들을 보는 시간이라는 점에서
그 외의 시간들과 구분이 된다.
남편은 회사 일이 바쁘다는 이유로 주말에도 집에 있지 않았다.
머리로는 이해가 가는데 마음이 따르지 않는 나는 분노한다.
준이와 훈이가 나만의 책임인지 물으려다 만다.
요즘 감정의 기복을 통제하는 브레이크가
점점 말을 듣지 않아 자칫하면
부부싸움으로 이어질 수 있기 때문이다.
싸우기에는 난 너무 지쳐 있다.
방금 준이에게 분유를 먹이는 데 거의 한 시간이 걸렸다.
이제 곧 훈이가 깰 시간이다.
애들이 건강한 것을 감사해야 하는데
역시나 또 머리로만 그렇게 생각하고 있다.
애들이 꿀꺽꿀꺽 잘 먹고
시원하게 트림도 바로바로 하고
잠도 푹 잤으면 좋겠다는,
너무나 비현실적이고 어이없는 생각을 하게 된다.
오늘 밤엔 눈 붙일 수 있을까.
눈 붙일 짬이 난다면… 눈을 다시 떴을 때가
3년이나 4년쯤 뒤였으면 좋겠다.
그때쯤엔 지금을 회상하며 웃을 수 있을까.

## 남편은 지금

회사 일이 바빠서 요즘 매일 야근하는 곰돌 군.
출산 후 무서워진 마누라 때문에
(밤새우며 쌍둥이들 키우다보니 만성피로로 매우 날카로움)
집에 와도 눈치 살살.
상사보다 더 어려워진 마눌.

곰돌 군 쏘쏘리. 곧 원래의 모습으로 돌아갈게.

## 팀워크

애들이 나 몰래 이런 대화를 나누는 건 아닌지
정말 궁금할 때가 있다. 에이 설마⋯
⋯ 그래도 진짜 팀워크가 느껴질 때가 있다니까요.

## 큰놈이나, 작은놈이나

오늘 큰 녀석에게 두 번 당했다.
새벽엔 젖을 먹이다가 중간에
트림을 한 번밖에 안 시킨 내 잘못이라고 인정.
저녁 때는 트림 중간중간 시키고
다 먹인 후 안아주고 있는데 왈칵은 뭥미?
이건 분명 개김의 스멜이….

새벽 2시에 작은놈을 먹이는데 잘 먹다가 스톱.
곧이어 **뿌직뿌직**하는 소리와 함께
구수한 응가의 향이 코를 자극하고…
그분의 얼굴에 찾아온 평온을 확인 후 개봉했으나 아놔…
이 녀석 기다렸다는 듯 가래떡을 뽑는 거다.
진짜 잠이 확 깼다고요. -_-;;

**반가워 그레이 백작**

노산인 관계로 임신 기간 중
특히나 카페인 섭취를 스스로 제한했던 나.
좋아하는 커피는 물론이고 커피 못지않게 즐겨 마시는
내 사랑 얼그레이티도 거의 안 마셨다. 정말 힘들었다.
가끔 커피숍에 갈 일이 생기면 어쩔 수 없이 핫 초콜릿을 주문했는데
임신 중기에 임신성 당뇨 판정을 받아 이것마저 포기,
결국 먹을 게 없어서 따뜻한 우유나 마셔야 했던 슬픔이….
'별다방'의 그윽한 커피 향 속에 앉아 우유 드셔보세요. 진짜 슬프다는.
모유에서 분유로 전환함과 동시에 커피부터 한 잔 마셨고
곧바로 남편에게 얼그레이티를 사오라고 부탁했다.
백화점에서 두 종류로 구입해
마누라를 기쁘게 하신 곰돌 군, 기특하네.
지금 애 둘 다 먹이고 트림시키고 재운 뒤 물을 끓이고 있다.
잠시 얼그레이티 한 잔 마시며 늦은 아침으로 빵을 먹을 계획.
보글보글 물 끓는 소리가 참 정겹구나.
'그레이 백작', 반갑다 친구야.

그나저나 잘 먹고 잘 자는 순둥이 훈이가 어제 저녁 돌변했다.
뭐가 문제인지 잠도 안 자고 보채고 운다.
항상 먹으면 기분 좋게 자더니 웬일일까.
먹여도 잠을 안 잔다. 눕혀도 울고 안아줘도 운다.
고무젖꼭지까지 동원해 이제 겨우 재웠지만
자면서도 칭얼대고 있다.
언제 깰지 몰라 긴장을 늦출 수가 없다.
준이는 한 시간 전에 먹이고 재웠지만 충분히 먹지 않아
아마 한 시간쯤 후에 배고파 깰 가능성이 크다.
젖병을 씻고 미리 소독해둔 병 하나를 꺼내 분유를 타놓았다.
언제 어느 녀석이 밥 달라고 깰지 모르니 미리 준비하는 것이다.
두 달 전까지만 해도 나는 계간지 발간을 위해
기사를 쓰고 학술회의를 준비했더랬다. 아득한 옛날 같다.
요즘 나의 주요 관심사는 애들이 몇 mL의 분유를 먹었는지
오늘 응가를 했는지 안 했는지 왜 잠을 안 자는지 등이다.
양치질만 하고 세수는 안 하는 날이 많다.
샤워는 나흘에 한 번꼴로 하고 있어서 사실 좀 꾀죄죄하다.
어제는 남편이 집 근처에라도 나가
친정엄마와 점심식사를 하고 오라고 해줘서
처음으로 애들을 두고 바깥바람을 쐬고 왔다.
밥을 먹고 화장품 가게에 갔다가 커피를 마시는 데 두 시간.
두 달 만에 화장도 했다. 어색했다.
매일 샤워하고 화장하고 출근한 게 정말 아주 오래전 일 같다.
애들 옆에 누워보지만 잠은 오지 않는다.
겨우 잠이 들면 둘 중 한 녀석이
기가 막히게 알고 울기 시작할 것이다.
엄마가 잠보인 걸 알고 버릇을 고쳐주려고 마음먹었나보다.

## 나의 구세주, 이모님

도우미 이모님께서 오신 뒤로 삶이 바뀌었다.
쌍둥이 키워보신 분이라
웬만한 일에는 당황하시지도 않고
애들 목욕도 어찌나 순식간에 시키시는지
보는 나는 그저 얼떨떨.
말없이 많은 것을 하시는 그분
진심으로… 사랑합니다.

## 서툴러도 엄마

Q 아래 보기에서 누가 진짜 엄마일까요?

1:

2:

토요일 오후 도우미 이모님께서 집에 가시면
갑자기 집 안이 난리통.
애들 먹이고 목욕시키고
또 먹이고 재우고 나니 쓰러질 것 같네요….

**변했다**

애들이 태어나고 한동안은…

이제 겨우 80일 지났을 뿐인데 벌써 심히 다른 분위기…

… 친부모 맞나요?

**인절미를 아시나요?**

임신과 출산이 체형을 바꿔놓는다는 거
알고 있었던 사실이지만…
늘어난 뱃살이 출렁대는 걸
거울로 확인할 때마다 조금은 우울하다.
물론 내 한 몸 바쳐 준이와 훈이를 얻었으니
후회는 없는 것이 확실하다.
하지만 자식을 얻기 위해 엄마들은
참 많은 것을 잃거나 포기해야 하는구나.

19kg 쪘다가
17kg 빠지니
탄력따위는 눈을
씻고 봐도 없군…

막달에 배가 진짜
장난 아니게 텄음ㅜㅜ
특히 배꼽 + 주변동네

몸은 말랐으나
배는 왜 안 들어가나요?
들어가긴 하나요 someday?

그리고 한 가지 더…
젖이 돌면서 가슴이 글래머가 되었다가
모유 수유 포기하고 단유하고 나니
원래 M 사이즈였다면 L이 되었다가 S로…
그리고 말랑말랑해졌음.

일명
"인절미 젖"이죠

마누라 힘내.
나도 배 나왔어.
괜찮아.

**와인에 기대어**

나 지금…

훈이 재우고
(준이는 이번주에 이모님과 함께 취침. 일주일씩 번갈아 맡고 있음)
맛없어서 고기 재울 때 쓰려고 놔둔 와인을
머그잔에 가득 부어 마시고 있다.

남편도 실망스럽고 쌍둥이의 육아는
나홀로 하는 것 같은 오늘.
유일하게 내 편은 도우미 이모님인 것만 같다.
월급 절대 늦지 않게 드려야지….

오늘처럼 우울할 땐 말없이 큰 도움 주시는 그분.
와인 님께 기대어보아요….

원래 와인 석 잔은 마셨는데 요즘 주량이 줄어서 한 잔이라
머그잔으로 한 잔 가득 마시니 매우 알딸딸하네요.
대충 감 잡으셨겠지만 남편과 가볍게 한판.
싸우는 거 싫어해서 1년에 한 번 싸울까 말까인데 그렇게 되었네요.
복직을 일주일 앞두고 제가 많이 심란한가봅니다.

와인잔 놔두고 머그잔에 마시는 이유는
이모님이 날 알코홀릭인 줄 오해하시고
그만두실까봐. 기댈 곳은 이모님뿐.
Sex and the City 2 영화에서
샬롯과 격하게 공감.

## 복직 연습

다음 주 금요일이면 복직.
But 난 아직 마음의 준비가 되지 않았나보다.
애들을 두고 나가는 게 정말 많이 불안하다.
이모님께서 한 시간이라도 나가라고 하셔서
집 근처 콩다방에 와 있다.
커피를 시켜놓고 책을 펴보지만
글이 눈에 들어오지 않고…
정말 회사에 갈 수 있을까?

나도 다시 커리어우먼 대열에 낄 수 있을까…
있겠지… 있을 거야…
설마 회사에서 나가라곤 안 하겠지…
복직하면 열심히 일하자….

## 새로운 쇼핑관

예전에 옷을 고를 때는
컬러나 소재, 핏, 입었을 때 잘 어울리는지, 나이에 걸맞은지,
너무 유행 타는 건 아닌지 등등을 고려했는데…

얼굴라 옷이
너무 심하게 따로
노는 건 지양하자…
옷만 20대
옳지 않아 옳지 않아…

주로 세일풍목
특히 누워있는 애들

요즘엔 매우 간단해졌다.

이런 식의 쇼핑…
별로 즐겁지 않아요. ㅜㅜ

## 장롱면허

날씨가 많이 풀렸다. 확실히 봄은 오고 있다.
내가 그렇게 기다리던 봄이….
그렇게 힘들었던 1월이 지나고,
조금은 숨을 쉴 것 같았지만
새로운 일이 많았던 2월도 지나고…
이제 3월. 애들이 백일을 맞는 3월이다.
나는 복직을 했고 일주일 후엔 친정엄마도 떠나신다.
유일한 지원군이 떠나면 나는
도우미 이모님께 의지해 애들을 키워야 한다.
이런저런 생각 끝에 혼자서도 다 해낼 수 있는
강한 엄마가 되기 위해 장롱 면허증을 꺼냈다.
운전연수를 받기로.
면허를 취득한 지는 10년이 넘었는데
그동안 운전대를 잡은 것은 1년에 한 번? 두 번?
23만 원을 투자해 다섯 번 연수를 받았다.
그렇다고 대단하게 실력이 좋아진 것은 아니지만
시작이 반이라고들 하길래.
솔직히 난 운전이 정말 싫다.
차를 끌고 도로에 나가는 게 두렵다.
오죽하면 캐나다에서 살면서도 운전을 안 하고 버렸을까.

시속 40km 이상을 밟으면 엄청나게 빨리 가는 것만 같고,
사방에서 빵빵대며 깜빡이도 안 켜고
차선을 마구 바꿔대는 차들이 무섭다.
게다가 버스, 오토바이, 보행자들까지.
그래도 무슨 일이 있을 때 남편이 없으면
내가 운전해야 한다는 생각에
오늘도 아침에 남편과 함께 마트에 가는데
내가 운전대를 잡았다.
집에서 마트까지는 아주 간단한 직선 코스.
그런데도 남편에게 수시로 혼난다.
주차는 아예 남편이 했다.
자존심을 살짝 접어 내려놓고 치사하고 더럽지만 참는다. 흥!
나중에 능숙하게 되면(그게 언제가 될지는 모르겠지만 -_-;)
애들 태우고 막 돌아다닐 거다.
남편 따위 필요 없다면서. 마구마구.

생각해볼수록 나는 참 부족한 엄마다.
그래서 노력이 더 많이 필요하다.

**복직**

하루 종일 애만 보다가 회사에 오니 정신이 하나도 없다.
맞다. 이런 세상에서 내가 살았었지.

**눈물의 출근길**

친정엄마도 떠나셔서
오늘부터는 이모님께서 애 둘을 혼자 보시게 되었다.
일단 부딪쳐보겠다고 하셨지만…
출근하는데 발이 안 떨어진다.

오늘 아침에 버스 정류장에서
눈물 찍던 왠 이상한 아줌마 보셨나요?
그 아줌마가 저였어요….

## 눈치 풍년

먼저
들어가 보겠습니다...

회사에서도
눈치보기 바쁘고

아 이모님,
준이 이리 주세요.
식사 먼저 하세요.
제가 애들 볼게요.

집에서도
눈치보기 바쁘고

인생이 참 고달프구나.

## 이모님, 감사합니다

어제는 6시 30분쯤 후다닥 퇴근을 하고 집에 갔더니
이모님께서 애들 목욕시키고 먹일 시간이라고 하면서
아기 욕조에 물을 받고 계신다. 얼굴이 좀 지쳐 보이신다.
황급히 옷을 갈아입고 애들 목욕 준비.
훈이부터 씻기고 로션 발라주고 옷 입히고 바로 준이.
나는 드라마를 원래 안 보지만 이모님께서 보시는
〈내 딸 꽃님이〉를 틀어드리고 훈이를 먹인다.
이모님께서는 준이를 포대기를 둘러 업고 드라마에 집중.
하루 종일 힘드셨을 텐데 성격상 별 말씀이 없으시다.
그래서 감사하다.
밥을 김치찌개에 쓱쓱 비벼 5분 만에 먹고 사과를 깎는다.
이모님 앞에 놔드리고 설거지를 한다.
베란다에서 빨래를 걷어와 개키는데 이모님께서 준이를 업은 채
부엌에서 뭔가를 하길래 다음 날 먹을 것을 만드시는 줄 알았더니
나 도시락 싸가라고 달걀말이를 하시는 것이었음.
"제 걱정은 하지 마세요, 전 아무거나 먹어도 돼요" 하니까
"먹는 것도 없어 가지고 맨날 빵이나 먹고 되겠어?" 그러신다.
물론 이모님 성격상 눈도 안 마주치시고. 힘드셨을 것이다.
내가 낳은 자식도 힘든데 남의 아이 키우기는 얼마나 힘이 들까.
이모님, 청소도 매일 하지 마시고
설거지는 제가 저녁에 할 테니 쌓아두세요.
우리 준이 잘 안 먹고 낮잠 안 자도 미워하지 마시고,
우리 훈이 잘 토하니까
귀찮으셔도 먹이실 때 트림 자주 시켜주세요.

감사합니다. 감사합니다.

## 100일

애들이 태어난 지 100일. 어느새….
영영 오지 않을 것 같았던 백일.
그러나… 역시 백일의 기적 따위는 없고 −_−;.
남편이 회사에 떡을 돌리겠다고 하길래
'흥! 그럼 나도 참을 수 없지!' 해서
수량 업 시켜 우리 회사에도 돌렸다.
조그마한 나무 포크 하나씩 넣는 건 100원씩 추가.
세심한 곰돌 군이 손가락 끈적끈적해지지 않게
넣어주자고 해서 추가했다. 굿 아이디어인 듯.

준이와 훈이를 응원해주신 모든 분들, 감사합니다.
어설픈 엄마지만 노력할게요.
제발 애들이 평범하게만 자라주면 좋겠어요.
욕심 노노.

**갑자기**

갑자기...
# 여행 가고 싶다.
이제 혹이 두개니 어디 가지도 못할 텐데
오늘따라 이렇게 떠나고 싶은지
모르겠네...

혹?
우리? 설마

남편이 회사에서 10년
근무했다고 내년에 부부여행
보내준다는데 애들
시댁에 던져 놓고 싱가포르 갈까?
아냐 프랑스 갈까?
맨날 가고 싶어 하면서
못갔잖아...

일본은 언제쯤이면 다시
가도 괜찮은걸까?
북해도 가보고 싶어...
게요리 먹어야줘.

이탈리아도 가고 싶고
동유럽도 멋질것 같고
호주나 뉴질랜드도 가고 싶구나.

뉴욕 MOMA도 그립구나...
가슴 설레게 하는 그곳.

새로운 곳에서 마구
돌아다니는거 너무 재미있는데.
물론 가기 전에는
폭풍검색! 꺄오 신나
이러면서.

## 나쁜 손

며칠 전 작은놈의 새벽 수유를 담당했던 곰돌 군.
중간에 트림을 하도 안 하길래
그냥 더 먹였다가 왈칵 토해서 옷을 갈아입히던 중…

하도 얼굴을 시뻘겋게 만들어놔서
아직 손싸개를 하고 있는데 손싸개를 벗기자…

아빠를 빤히 쳐다보며
손을 이러고 있었다고 한다.

그나마 순했던 작은놈이 요즘 마구 돌변하고 있다.
이것이 말로만 듣던 '백일의 기절'?
어제는 새벽 1시에 먹이고 잤는데
4시부터 한 시간 간격으로 울며 보챘다.
무슨 정신으로 회사에 나와 있는지 잘 모르겠다.
이러고도 내가 회사 생활을 제대로 할 수 있을지….

스펙 좋고 키도 크고 늘씬한 신입 여직원들은
집에 가면 할 일이 없다면서 야근을 자청한다.
내가 보스라도 나 같은 애 마음에 안 들 듯.

## 올 것이 왔도다

올 것이 왔음.
복직한 지 한 달 만에 출장 잡혔다.
이럴 줄 알고 나 대신 비양을
보내려고 애썼는데 비양은
 베이징 당첨.
 이런...
간만에 하노이라 반갑기도 하지만
애들 두고 해외출장 간다고 생각하니
가슴이 먹먹하다. (ㅇ)(ㅇ)
일정을 최대한 콤팩트하게 잡으니
1박 3일 되시겠다.
저녁 비행기로 밤 도착.
다음 날 주주총회 회의하고
밥 먹고. 밤 12시에 비행기 타서
 다음 날 새벽 5시 50분 귀국.
빡세지만 어쩔 수 없지.

그나저나 이모님께 죄송해서 어쩌나...
곰돌군, 저녁에 일찍일찍 좀 들어가서
수고해줘. 땡큐.

아오자이 입은
베트남
아가씨들 참
예뻐요~
뎁!

맛있는 쌀국수

실장님께 올라가서 은근슬쩍
출장 없는 타 부서로 보내달라고 말씀드려봤는데
이건 뭐, 그냥 웃고 넘어가시는 분위기.
실장님, 저 농담 아니거든요. 그냥 해본 소리 아님.

## 사회생활의 맷집

사회생활 경력이 쌓이다보니…
타협이란 몰랐고 원칙주의자였던 예전의 나는 사라지고

어떤 상황에서 누구와도 (적어도 표면적인)
대화를 아주 자연스럽게 할 수 있으며

각종 보고서, 서신, 연설문, 기안 등을
대~충 만들어낸다.

걱정 NO!
별거 없어요.
어차피 나중에
수정 대박일 텐데
여기저기서
아이디어 얻어
비벼봐요.

연설문을
쓰라고 하시는데
어떻게…

신입

걱정

커피나 해요~

← my future

직딩들 파이팅!
우리 모두 가늘고 길게 버텨 보아요~~.

## 패션의 보수화

요즘 내가 입고 다니는 옷들을 보니…

검은색
바지정장

썸타임즈
치마

검은색
V네크 티

크림색
라운드 티

( 둘 다 유니클로 - 싸고 좋음 )

스카프 회색

카키색 치마

( 카키색, 밀리터리 )
은근 좋아함

짙은 남색 재킷

짙은 남색 재킷

짙은 녹색 + 밤색
바라인 치마

색깔이 죄 칙칙… 저 왜 이런가요?

봄맞이
쇼핑고고?

---

(못들은 척)

**다행이다…**

어쩐 일인지 평소보다
일찍 회사에 도착하게 된 나.
종종걸음으로 회사 근처 커피숍에 들러
향기 좋은 아메리카노와 스콘을 사보아요~

사람이 붐비지 않아
얼마나 다행인지….

**왕초보**

주말마다 애들과 한바탕 전쟁을 치르고 나면
나는 엄마지만 애들을 낳았기 때문에 엄마지
엄마 노릇을 잘해서 엄마는 아니라는 사실을 깨닫게 된다.
그리고 잠시 좌절.

이모님께서 일단 시범으로 포대기로 업는 법 보여주고
도와주셔서 어찌어찌 착용해봤으나…

마음에 없는 위로 따윈 안 하는 이모님께서
 짤막하게 한 말씀 :
"…연습이 많이 필요할 것 같다."

요즘 드는 생각.
애들을 위해 이모님이 계시는 건지
나를 위해 이모님이 계시는 건지 알 수 없다는 것.
어설픈 나를 가르치시고
엄마의 길로 인도하시는 그분.
나 그런데 정말 엄마가 되기에는
뭔가 한참 모자란 게 확실하다.

# 훈이 vs 준이

훈이의 일기

밤에도 잘 자고 낮에도 잘자고...
(효자임)

응가 뿌지직

분유 바꾸니
좋아졌음

시간 되면
칼 같이 먹고

발효
스멜

느닷없이
웩

중간중간
트림시켜도
이럼

## 준이의 일기

Time is gold. 잠 자는 시간 아까워.

밤에도 깨서 먹고 낮잠따윈 패스. 토끼잠의 대가.

잘 닫히지도 않음. 입 short.

생각 없어요

소리소문 없이 응가하시고 먼 산 보심. 마치 본인은 응가와 전혀 무관하다는 표정.

업으라니 업어야지 뭐.

쿨

하루 종일 안겨있거나 업혀 있어야 조용하심. 사랑의 관심을 먹고 사는 남자.

## 귀여운 선생님

옛날 얘기를 잠시 하자면…
대학을 졸업하고 한국에 나와 미술관이나 갤러리에
취직하려 했으나 학연, 지연으로 똘똘 뭉친 업계에는
들어갈 틈이 전혀 없었고 학자금 대출은 갚아야 하는데
What should I do?
그래서 그냥 꿈 따위 고이 접어두고 영어학원 강사가 되었다.
아무것도 모르는, 스스로는 안다고 생각하지만
세상을 알 리가 없는 스물넷, 새벽 6시 반 첫 강의를 시작,
아침과 저녁에 주로 수업을 하니 밤 9시나 10시에 퇴근,
잠이 늘 부족한 생활이었다. 애니웨이, 주로 집에서
살림하시는 여성분들이 참여하신 10~11시 타임 수업이 있었는데
학생분들이 나를 많이 챙겨주셨더랬다.
김치를 싸다주시기도 하고 간식거리를 조달해주시는가 하면
액세서리 같은 걸 선물하기도.
아, 그리고 점심도 많이 얻어먹었다.
요즘 회사에서 일주일에 두 번 중국어 수업을 듣는데
중국교포 선생님은 20대 중후반으로 추정.

발음 완전 달라요.
오시겠어요?
따라하세요.
쌍

Shanghai 쌍
Xianggang 쌍

결론: 그 옛날 제 개떡 수업을
들어 주시고 이것저것 챙겨주셨던
언니들 감사했어요. 외로웠던
시절에 언니들 참 따스하게
대해주셨죠. 잊지 않을게요.

선생님이 귀엽고 기특하다는 생각이 자꾸 든다.
예전에 우리 반이었던 분들도 그런 마음이셨을까?
아줌마가 되니 누구든 보듬어주고 싶어지네….

아, 그리고 선생님이 실제로
진짜 저렇게 칠판에 쓰시고 말씀하신 것이다.
웃기려고 지어낸 거 아님.
학생들은 웃겨서 죽으려고 하는데
선생님은 너무 진지하게
상하이의 '쌍'과 샹강(홍콩)의 '썅'이
발음이 확실히 구분되는데 왜 못하냐고
따라 하라고 하셔서 다 같이 '쌍'과 '썅'을
큰 소리로 Listen & Repeat.
진지하고 성실하게
정말 열심히 하시는 선생님 파이팅!

## 격차

보스도 연세에 비해서는 키가 크신 편인 데다가
같이 출장을 간 J양 역시 장신.

173 정도 되는 듯.
스펙도 뛰어난데
날씬하고 얼굴까지
예쁨 (캬 부럽)

샤방

같이 좀 가자고 ~

헉헉

쏫

그분들과 보폭을 맞추기엔
컴퍼스 격차가 너무 심하군요…
아 쫌 슬프다.

스타벅스에서도
short 시키면
왠지 슬픈 느낌.

**몸보다 아픈 것은…**

what am I
doing...

어깨가 너무 아파
파스 붙이고 스카프 둘렀음

대단한 일을 하는 것도,
대단한 돈을 버는 것도 아닌데
이렇게 살아야 하나…
육아휴직 내면
나가라고 할까?

애들을 버려두고 회사에 가는 게
이게 도대체 맞는 일인지 모르겠다.
이모님과의 달콤했던 허니문도 이제 끝인 듯.
퇴근 후에는 이모님 눈치 보느라,
그리고 애들한테 미안해서 계속 안아주다 보니
온 몸이 아프다.
하지만 몸보다 아픈 것은… 마음이다.

101

## 육아 휴직이라도

사실 내가 요즘 안팎으로 많이 힘들다.
사직서를 낼 자신이 없다면 육아 휴직이라도 낼까 하는 생각을
심각하게 했다. 아니, 지금도 하고 있다.
그렇다고 내가 애들을 훌륭하게 키울 줄 아는
육아의 달인이나 열혈 엄마도 아니다.
많이 어설퍼서 아마 집에서
애 키우는 걸 더 힘들어할 수도 있다.

그러나 아무리 전문 양육인이라고 해도
'남'의 손에 애들을 맡기는 것은 정말 어려운 일이다.
이것은 아주 본능적인 문제를 근본으로 한다.
아무리 귀엽고 사랑스러운 아기라도 남의 자식한테는 별 감흥이 없지만
매일 울고 떼쓰고 먹지도 않고 '웬수'같이 굴어도
내 자식에 대한 사랑은 식을 줄 모른다.
그런데 남의 자식이 매일 울고 떼쓰고 먹지도 않고
'웬수'같이 군다고 생각해보자.
생각해보지 말아야겠다.
정신 건강에 크게 위협이 되는 일인 듯.

내 남편 곰돌 군은 솔직히 나쁜 사람이 아니다.
아마 법이 없다고 해도 남에게 해를 가하지 않고
조용하게 살 가능성이 99%다.
하지만 내가 이렇게 힘들어할 때
"회사 그만둬, 내가 다 책임질게"라는 말은
절대 안 하는 사람이다.
할 줄 몰라서가 아니라
그 말로 인해 초래될 상황에 대한
책임감 때문에 하지 않는다.
우리 현실은 외벌이만으로는 많이 힘들기 때문에.
게다가 이젠 갑자기 애가 둘.
곰돌 군을 이해는 하지만
삶의 무게를 너무 많이 지고 살아
소심해진 그를 보니 짜증이 나기도 한다.

언젠가 절친 양 여사가 나에게 물어봤었다.
"넌 다시 태어나면 네 남편과 또 결혼할래?"
대답은 예스였다. 아직도 대답은 변함이 없다.
하지만 다시 태어나면 내가 남자로,
남편이 여자로 태어났으면 좋겠다.
남편은 가정적인 사람이라서 여자라면
아마 집에서 살림하고 애 키우는 일을 잘할 것 같다.
나처럼 애 키우는 것도 서툴고
집안일도 썩 좋아하지 않으면서
직장은 어느 정도 열심히 다니는,
한마디로 이것도 아니고 저것도 아닌 여자는 아닐 것 같다.

물론 여자가 되기에는 머리가 매우 크다는 단점이 있다.

## 침&부항

지난주 금요일,
어깨와 목 통증이 너무 심해져서
결국 회사 근처 한의원에서…

침 맞고 부항 뜨고 왔는데
아직도 좀 아프네요.

## 요것들, 내가 낳았다고!

늦은 나이에 어렵게 애들을 낳아서 그런지는 몰라도…
우리 집 두 놈을 보면 참… 신기하다.

그러고는 괜히 곰돌 군에게
내가 낳았다고
생색을 팍팍 낸다.

마누라가 고생해서 낳은 거야.
대단하지?
남편은 꿈도 못 꾸는 일이지.
난자 있어?
자궁 있어?
생산능력도 없으면서
잘난 척하지마.

No 자궁
only 응가

영유아검진 받으러 갔는데 우리 장남 머리가 크대.겨우 정상의 범주에 포함.

쩌리릿

그… 근데 왜 날 쳐다봐… 뭐… 어쩌라고…

## 영유아 검진

애들이 태어난 지 4개월 되었다고
영유아 검진 하래서 하고 왔다.
그런데 뭔 놈의 소아과가 월요일, 토요일은
아예 예약을 할 수 없고 평일만 예약이 가능.
그것도 아침 일찍이나 오후 늦게는 안 된단다.
그래서 결국 11시 반에
예약을 하고 데리고 갔는데도 기다렸다.
출근했다가 다시 집에 갔다가 다시 또 회사로….
회사에는 괜히 눈치 보이고.
무슨 시스템이 이 따위냐고요? 울컥한다.
진정한 선진국, 진정한 baby-friendly 사회가
되기 위해서는 이런 것부터 좀 고치자.
어쨌든 애들이 다 정상으로 잘 자라고 있다니
참 다행스럽고 감사하다.
아프지 않고 건강하게만 자라다오.

**정직한 여자**


제가 제 입으로 이런 말하긴 그렇지만
전 참 정직한 여자.

심각 모드…

사실 뭐
대부분의 사람들과
비슷한 수준임.
그냥 립서비스에
좀 약할뿐.

심지어 전 피부조차 정직해요.

며칠 계속 야근

나이는 삼십대 후반

스트레스 이빠이

애 낳고 진짜 힘듦

잠 설침

회사 큰 행사 임박해
신경 엄청 쓰임

생리 다가옴

나란 여자,
인생을 얼굴에 쓰고 다니는 여자.

**월급은 통장을 스쳐 지나가네**

출장을 앞두고
얇은 정장을 하나 사야겠다 싶어
회사 근처 옷가게 방문.

결혼하고 정장을 사 본 게···
검은색 정장 (가을겨울용)
외에는 없구나···

상큼하게 카드 결제를 하려는데…

한도초과인데요 …
혹시 다른 카드 없으세요 ?

아 … 아 그래요 ?
하하하 (어색한 웃음)
그럼 20만 원만 긁고
나머지는 체크카드로 할게요 .

← 카드 달랑
하나임

역시 … 한도 초과 …

아 하하 …
그럼 10만 원 …

역시나 …

그냥 체크카드로 하겠습니다.

5월이 두렵군요 …

월급은 제 통장을 그냥 스쳐 지나가시고
카드는 이미 한도 초과….

**조금만 더**

아아… 조금만 더… 조금만…

도저히 더 못 버티겠어… 이젠 포기해야 할까봐….

월급날 D–1입니다.
어우 이번 달 버티기 너무 힘들었어요.
(그러나 이모님 월급 드리고
카드값 빠지면 다시 원위치 ㅜㅜ)

## 블랙커피의 맛

또다시 오른쪽 어깨에 파스를 붙이고 있다.
어깨가 꼭 필요한 부품이 아니라면 제거하고 싶은 요즘이다.
회사에서 조금만 일을 해도 쑤시기 시작하고 집에 가서
애들을 안아주거나 분유를 먹이거나 하면
어김없이 뻑뻑해진다.
어제는 해외에서 손님이 왔다.
딱히 내가 담당자는 아닌데, 그렇다고 나 아니면
할 사람도 없어서 숙소에 가서 모셔오고
같이 회의를 하고 또 모셔다 드리고….
어제는 그 외에도 웬 회의를 오전, 오후로 소집해대는지….
결국 같은 내용인 것을. 어쨌든 정신이 하나도 없었다.
오늘도 같은 맥락.
어젯밤 훈이 수유하고 나 샤워하고 11시가 되어
이모님 월급을 송금해드렸다. 아침에 출근하면서
"일이 있어서 저녁을 먹고 들어와야 할 것 같아요.
될 수 있으면 빨리 먹고 들어올게요"라고 말씀드리는데

내가 꼭 무슨 죄인 같다.

문제는… 다음 주에 회사에서 또 출장을 가라고 한다.

이모님께 어떻게 말을 꺼내야 할지 모르겠다.

이미 석가탄신일 주말에 출장이 있으니

그 주말에는 계셔달라고

특별 요청을 해놓은 상태인데 또 출장이라니….

진짜 이모님께 죄송하고 또 죄송해서 입이 안 떨어진다.

어떻게 해야 하나….

출근길에 버거헌터라는 곳에 들러서 모닝 세트를 주문했다.

커피를 마시며 햄에그잉글리시머핀을 씹으며 고민해본다.

이모님께 어떻게 말씀드리면 좋을까, 하는 문제를.

원래 나는 달달하고 느끼느끼한

설탕크림 들어간 커피를 좋아했는데

요즘은 그냥 블랙으로 마시고 있다.

설탕이고 크림이고

넣을 시간도 마음의 여유도 없는 탓일까.

## 잠시만… 쉬고 싶다

어깨가 너무 무거워서
잠시 내려놓고 쉬고 싶다.

나도 모르게
눈물이 나…
이제는 익숙할
만도 한데…

## 해맑은 영혼

영상 통화 따위
절대 하지 않는 결혼 7년 차.
곰돌 군이 영상 통화로 전화를 했길래
뭔가 했더니…

"그…그래, 고맙다,
재미있게 잘 치고 놀다 와"라고 얘기해줬습니다.
전 참 행복한 여자예요.
순수하고 맑은 영혼과 함께 살아서.

## 부부의 날

어제 퇴근할 무렵.

이러다가
결국 집 앞 버스 정류장에서 만나
근처 횟집으로 고고…

곰돌 군 한 잔, 나머지는 제가…
귀찮다고 그냥 집에 들어가자고 한 사람 맞나요?

## 토끼 vs 호랑이

남편이 원하는 아내

마누라~
나 왔어! 기쁘지?
오늘 하루 어땠어?

꺄오 남편 홈~ 신나~
나 오늘 회사에서
무슨 일이 있었냐면...
미주알 고주알 쫑알쫑알
디테일 디테일

애교~

그러나 현실은

표정이 왜 그래?
회사에서 뭔 일?

회사 얘기 꺼내지도 마.
집에서만은 회사생각
하기도 싫다.
말 시키지 마. 밥이나 먹자.

근엄

호랑이
마눌

전생에 경상도 싸나이였나봐요.

내일부터 출장.
황금 연휴를 통째로 삼키는 일정임.
이런 왕 재미없는 여자를
마누라라고 데리고 사는 곰돌 군을 위해
모두 파이팅을 외쳐주세요!

쌍둥이 형제의 근황

불이 번쩍

펑!

느닷없는
박치기 공격의 달인

미니곰돌 2

Today is 애들 6개월.
왠지 찡하네요…
가장 고생하시는 이모님께 땡큐.
김치, 깍두기, 오이소박이 해대시느라
바쁘신 시어머니, 그리고
운반책 시아버님 감사.
마누라 출장가면 휴가까지 내서
육아에 뛰어드는 남편 고마워.

이렇든 저렇든 애들은 커갑니다.
이번 주에 이유식 시작했는데
아직 잘 안 먹고 반항하고 울고 하지만
그래도 썸데이 먹기는 먹겠죠.
지들이 어쩔 거야….

## 식욕 돋는 곰돌네

안 먹어서 그렇게 고민거리였던
큰 녀석이 요즘 잘 먹어서 너무 기쁘다.

정말 스트레스였음 ㅜㅜ ♫

옹알옹알
(와 맘마다!)

원래 잘
먹었음

미니곰돌 1       미니곰돌 2

그런데 예상치 못하게 식욕이 돋는
또 한 명이 있었으니….

마눌~
오리지널 곰돌이오. 배고파.
까까 까줘 까까~

저녁
먹고오 이럼

깔 까…

"깔까…"는 저희 부부 나름의 유행어입니다.
상대방과 반대편으로 시선 처리하며 혼잣말하듯
"깔까…?"라고 말하는 게 묘미임.

살은 안 빼?        애 둘에 중년인데 뭐.
평생 동그랗게      이제 그냥 막 살고
살래?              막 먹으려고.

**소용이 없다**

하루 종일 정상근무하고
저녁 7시 50분 비행기로 울란바토르행 출장.
죄책감 따위 느끼면 안 된다고… 미안해하지 말자고…
애들을 위해 열심히 일하는 거 아니냐고…
아무리 스스로에게 반복해서 말해봐도 소용이 없다.
휴….

## 마누라가 첫사랑

어린 시절 우리 집 가훈이 '정직하게 살자'여서 그런지
내 성격의 장점과 단점은 일치하는데, 그것은 바로 '솔직함'.
필요 이상으로 솔직해서 후회한 적도 많다.
2004년으로 거슬러 올라가자면…

( 과거 연애사 강의 중 )
그래서 구시렁 구시렁
어쩌고 저쩌고
빼 먹은거 없이
다 말하자면…

오물오물

주로 파르페·빙수 주문

내숭쟁이 곰돌 군. 이래놓고서
내가 예전 여자 친구에 대해 물어보면

난 과거라고는 없다.
마누라가 첫사랑임.
누가 뭐래도 이게
내 공식입장이다.

첫사랑은 개뿔.
하지만 과거는 과거일 뿐
상관은 없다.
but 어떤 이유로든
옛날 여자 만나면…
you know. 알지 ?

난 법이 두렵지
않은 여자

곰돌 군, 아무리 부부라도 서로의 하루 일과에 대해
너무 디테일하게 보고하진 말자.

## 작은 행복

밤새 두 녀석을 번갈아 먹이고
트림시키고 재우느라 한 시간도
제대로 못 자던 시절이
엊그제 같은데
그래도 6개월 되었다고 애들이
점점 잘 자 주고 있다.
저녁 9시면 둘 다 K.O.
 큰 녀석은 5시반~6시까지,
작은 녀석은 6시반~7시까지
거의 안 깨고 쭉 자 준다.
대신 낮잠은 많이
 줄었지만...
어제는 애들을
 재운 후 샤워를
하고 뽀송한 상태로
책을 읽었다.

전 단순해요
easy to please

this
is
행복

# 아오~
# 완전 행복했다!!!

공돌군 복지카드 충전되면
교보문고부터 가야지
으흐흐 아우 쪼앗!
뭐 사지 두근두근

130

## 호랑이 기운이 솟아나요

일하는 엄마는 애들에게 죄인일 수밖에 없어서
집에 들어가면 아무리 피곤해도
애들을 번쩍번쩍 안게 된다.
어깨가 쑤셔도 나도 모르게 이렇게 됨.

**아빠 닮았니?**

그냥 봐서는 평범한 40대 아저씨인 곰돌
(머리 크고 배 나오고… You know!)

나만 갖고 그래…

맞는 모자도
거의 없을뿐더러
안 어울려서 모자
절대 싫어함

그러나 보기보다 매우 급한 성격이라
툭하면 흘리고 엎고 발가락 찧고 멍들고…

최근 냉장고에서
뭔가 꺼내다가
김치통을 아주 제대로
엎은 사건이 아주
대표적인 예

어~ 어어어…

비틀

트위스트

그런데 왠지 작은 녀석에게서
곰돌 군의 스멜이 느껴지는 요즘…
불안하군요.

소서에만
앉혀 놓으면 …

팔다리를 사방으로
격하게 액션.
광광 뛰고 난리도 아님.
소리 짝짝.

광광

광광

쿵쿵쿵

쿵쿵쿵

웍!

가끔 오버하다가
토함.

… 얘 뭔가요?

## 아기 냄새?

지금 와서 생각해보니 출산 전에는
아기에 대한 환상이 있었던 것 같다.
모든 아기가 다 예쁠 줄만 알았고,
엄마가 사랑을 듬뿍 주면 착하게 잘 먹고
잘 자고 울지도 않을 줄 알았으며,
눈곱 따위 절대 끼지 않고 응가도 향긋할 것만 같았…

출산 전인 분들을 위해 리얼리티를 소개하겠음.

친절한 빈순씨

막걸리 마신
50대 아저씨 빙의 ?

꺼~억

토닥토닥

응가하시는 모습은 절대 베이비가 아니며…

자는 모습도 점점…

게다가 요즘 날이 더워지니…

**호칭**

아내를 위한 사랑스러운 애칭은 커녕

애들 크기 전에 큰아들 버릇부터 고쳐야 할 텐데요.

## 나의 과거

친한 동생의 허즈밴드께서
어젯밤 과음하시고 지갑, 휴대폰을 분실했다는 카톡을 보니
대학 시절이 생각나는구나….

리틀씨스털.
너도 이제 대학생이니
파뤼에 가 봐.
이번 새러데이 나잇.
입을 옷 없는 거 뻔하니
나의 메탈은색 클럽용 치마를
대여해주마.

그렇지 않아도
언니 옷장 뒤지려 했음.

멜빵 바지
입고 오면
죽는다 너

퀸카님 →

손을 쑥
← 집어 넣으면
괜지 안정이 됨

대망의 새러데이 나잇.

삐
→

드럽게
시끄럽네.

언니가
쥐어준 칵텔
rum &
coke

5시간 뒤.

다음 날.
가족들 모두 아무 말도 안 해줘서 무척 감사했다.
특히 방에 토해놓은 거 닦아주고도
쓱 넘어가준 쿨한 씨스털. 그때 고마웠다는….

## 해맑은 영혼 III

하루 평균 1~2번 메신저로 말을 걸어오는 곰돌.
전화는 절대 안 한다.

## 해맑은 영혼의 부성애

Last night.

영~

마누라!
방에 모기가 한 마리
들어온 것 같아!
애 물면 어떻게 하지?
오우 노우!

물면…
물리겠지…

책 잼나~

한동안 모기를 잡으려 노력했으나 안 잡히자…

팬티만 입고
뭐해?

내 몸을 미끼로 이용해
모기를 잡으려는거지.
어때, 나의 전략이?

Zzz…

한참 늦게
아빠가 되어서
그런가…

모성애보다 진한 부성애를 목격.

## 이럴 때

이럴 때 진짜 짜증나면서… 무지무지하게 쪽팔림.

## 칼퇴근이 필요해

이모님께서 준이가 새벽에 잠을 못 잤다고 하시길래
체온을 재보니 열이….
출근했다가 다시 집에 가서 준이를 데리고
소아과에 가보니 지난달에 이어 또 인후염이란다.
땡볕에 아픈 애를 데리고 나갔다 오니 애도 나도 파김치.
컨디션도 안 좋은데 짜증까지 나서 준이가 마구 울어댔다.
회사는 다시 가야겠고 어쩔 수 없이
우는 애 입을 벌려서 약을 억지로 먹였다.
당연히 애는 더욱 자지러진다. 휴….
훈이는 무척 멀쩡하다.
요즘 떼를 많이 쓰고 형아를 안고 있으면
자기도 안으라며 서럽게 컹컹 우는
(눈물은 안 나오지만 우는 척을 하는) 미니곰돌2.
오늘은 누가 뭐라고 하던
가볍게 쌩까주시고 칼퇴근해야겠다.

# 따가운 마음

지난번에 준이를 데리고 병원에 갔을 때 이야기다.
소변 검사를 위해 주요 부위에는 비닐팩 같은 걸 붙이고
그 상태로 피검사를 하러 검사실로 갔다.
간호사 분이 준이를 데리고 응급실 쪽으로 들어가면서
부모는 밖에서 기다리란다. 응급실 문이 닫히고
준이의 작은 몸뚱이가 더 이상 보이지 않으니 갑자기 숨이 찼다.
나도 모르게 심장 박동이 빨라지는 것만 같았다.
곧 준이의 우는 소리가 들린다. 몇 분이 지났을까.
문이 열리고 준이가 간호사 분의 품에 안겨 나온다.
두리번거리는 준이. 8개월 전까지만 해도 내 안에 있었던,
나와 한 몸이었던 우리 준이.
손등에 주사기를 꽂아 피를 뽑았는지
거즈가 붙어 있었다. 안아주니 금세 꺄 하며 웃는다.
열이 나고 아픈데도 안아주면 그저 좋단다.
준이가 또 아프다. 왜 자꾸 아플까. 한 달 넘게 몇 번째인가.
내가 뭘 잘못하고 있는 건가. 울고 보채고 안 먹고 못 자는 준이.
해열제를 먹여도 열이 조금 떨어지는가 싶다가는
다시 오르기를 반복한다.
괴로운 표정으로 징징대는 불쌍한 준.
옷을 다 벗기고 기저귀만 채워놨더니 왠지 더 안쓰럽다.
또 회사에 얘기하고 중간에 나와 준이를 병원에 데려가야겠다고
생각하고 있는데 남편이 오늘은 본인이 하겠다고 한다.
오늘 회사에 행사도 있어서 눈치 보이겠구나 싶었는데 다행이다.
이모님께 아픈 애와 멀쩡한 애 둘을 맡기고 출근하는 나는…
좋은 엄마인가 나쁜 엄마인가….

나는 미안한 엄마다.
많이많이 미안한 엄마다.

## 쉽지 않다

이비인후과를 방문한 곰돌 군.

( 잠시 침묵 )

멈칫

좋은 아빠되기
참 쉽지 않죠?

그러게요.

이해합다

휴

## 관심

근 한 달 동안 병원을
일곱 번이나 방문하신 장남.
그래도 많이 좋아져서
열도 내리고 다행이다.

꺄! 꺄아 꺅꺅
(업되면 소리를 지르며
손발을 버둥)

겨우 숨 좀 돌리겠다 싶었으나…

마누라! 남편 홈.
**나도 아파!**
냉방병인지 머리 아프고…
그리고 설사도 했어! 두번!
기브미 유어 관심!

변기보다
툭하면 아프댐 →

아부부부

난 아플 새도
없네. 그래서
살만 빠지나…

By the way,
오늘이 애들 8개월. 축!!!

## 인간 피클

훈이가 어제 저녁에 분유를 한 번 더 먹고 자야 하는데
어느새 잠이 들어버렸다.
너무 푹 자고 있을 때 깨우면 역효과 나는 애라 그냥 놔뒀음.
새벽에 깨겠군, 이러면서. 역시나 깼다. 2시 40분에.
분유 200mL를 상큼하게 드링킹하시더니
그때부터 4시 넘어서까지 안 잤다.ㅜㅜ
준이는 며칠 괜찮길래 이제 다 나았구나 했더니
어제 저녁에 또 열이 오르기 시작했다. 빅 좌절.
내가 마치 피클 같다.
피곤에 잘 절여진 인간 피클.

너무 힘들어서 사는 게 아니라 그냥 '버티는' 날이 많지만
언젠가는 애들이 커서 나도 다른 사람들처럼 주말을
기다릴 수 있게 되고 책을 읽을 수 있게 되고
가끔은 다시 남편과 손 잡고 영화를 보러 갈 수 있게
되겠지. 나에게도 그런 여유가 분명 다시 오겠지.

**생각지 못한 질문**

점심시간에 나와 또 한 명의 결혼한 여직원이 출산,
특히 제왕절개 수술했을 때의
신체 변화와 수술 자국의 흉측함에 대해
얘기를 나누고 있었는데,
미혼인 여직원 둘이 열심히 듣다가 심각한 얼굴로
유일한 남성인 부장님께 던진 질문 :

난 한 번도 생각해보지 않은 질문이었다.

**외모**

이모님께서 유모차에 애들을 태우고
산책 나가셨던 모양인데,
다른 이모님들이 우리 애들의 외모를
꽤 긍정적으로 평가하셨다고.

말은 이렇게 하지만 얼굴은…

**발걸음이 빨라진 이유**

새로 이사한 집의 부엌 싱크대 물이
잘 안 내려가길래 곰돌 군에게
동네 슈퍼에 가서 '뚫어펑'을 사오라고 시켰다.

금방 사가지고 올게, 마누라.
( 시킨 거 빨리빨리 안 하면
마누라 짜증내니깐 )

그런데 목이 말라서 뚫어펑을 사는 김에
페리에 한 병도 같이 구매.
비닐 봉투는 돈 받으니까 안 달래고 한 손에는 뚫어펑,
다른 손에는 페리에(비싸서 평소 마누라가 못 사게 하는)를 들고
마시면서 귀가하고 있던 곰돌 군…

한참 신나게 페리에를 마시며 걷다보니,
본인의 편한 복장과 페리에 녹색 유리병의 조화.
게다가 묵직한 뚫어펑을 불량스럽게 한 손에 쥐고 걷는 폼이
스스로도 너무나 동네 양아치 같았다고.
그래서 급 발걸음을 빨리 하셨다는 후문.

## 오늘의 택배

어제 퇴근하고 집에 가보니
나를 반기는 많은 택배들…

소서는 이제 애들이 지겹대서
보행기. 남편이 반대하기도 했지만
애 둘 하루 종일 보시려면 필요하다.

Mrs. 맥가이버?

조립조립

다음은 인터넷으로 구입한 물티슈,
애들 수면조끼, 장난감.

이모님.
전문가의 입장에서 보실 때
이거 너무 큰가요? 교환?

너무 크다!
(잠시 생각)
그래도 그냥 입혀.

과학적인
분석으로
내린
전문가의
결론

마지막으로 절친 양 여사께서 하와이 방문 기념으로
보내신 선물 꾸러미. Big hand 그녀 많이도 보냈다.
그래서 더 사랑해. (얍삽한가?)

마카다미아 너츠라는 게
하와이에서 많이 나나 봐요...
오홍 맛 있네~

괜찮네.

마카다미아
너츠 2캔

알로하 자석
삐삐놓고 안 그랬네

망고티

마카다미아 초콜릿
2 상자

## 부자다

가만히 앉아 생각해보니까 말인데
나 꽤 부자인듯

남한테
피해 안 주고
잘 사는데
엄마는 왜 나만
미워해?

서른셋 가을 곰돌군과 결혼하기 전까지만 해도
나는 구로동 어드메 손바닥만 한 원룸에서
슈퍼싱글도 아닌 그냥 싱글침대 하나,
양 여사가 시집 가면서 넘긴 책상과 의자,
컴퓨터 한 대, 여행용 가방 두섯과
책 몇 권, 옷 한 다발, 신발 몇 켤레가 다였다.
    인터넷도 연결하지 않고 TV도 없었는데
형부가 그러고 살지 말라며 TV를 사줬다.
    저녁 때 집에 가서 대충 밥을 먹으면서
    주로 '인간극장'이나 뉴스를 봤다.

당시엔
결혼할 생각도, 아이를 낳겠다는 생각도 없었다.
    남동생까지 장가가니 나만 미워하는
    엄마가 야속할 뿐이었다.

부의
상징
털은
아직
없음

부해
보여

우리 집의 자랑
배쓰텁

두둥!

없다가 있으니
부르주아의
느낌

지금은 전세지만 집도 있고 남편도 있고
애들도 있고 목도도 있고 붙박이옷장도 있다. 와 부자다.

156

**흰 머리**

월요일 아침은 늘 바쁘다.
8시가 되기 전에 출근을 했는데도 뭐가 이리 할 일이 많은지….
그러다 갑자기 흰머리 발견.
책상에 앉아 작은 손거울을 들여다보며
셀프 흰머리 제거 작업 중. 무척 힘들구나.
몇 개 뽑다보니 이건 아주 흰머리 커뮤니티.
군락을 형성하고 새끼까지 치고 있는 듯.
아, 팔 아파. 흰머리 뽑아주는 알바는 없나.

**괜한 짓**

퇴근길 폼클렌징을 사기 위해
내 단골 '이니스프리' 매장 방문.
셀프 염색 제품이 있길래 저렴한 가격으로
흰머리를 가려볼까 싶어 충동구매!

1번과 2번을 1:1 비율로 섞어
좌우로 5회 셰키셰키한 후…

흰머리 때문에
염색하려고요.
쉽다니까 도전.

머리 길어서
쉽지 않을 텐데…

이모님의
걱정의 눈빛

설명서대로
처발처발

chestnut
brown
선택

꼼꼼하게

웨이러미닛…은 아니고 30분.

또 뭔 짓이여?

내 흰 머리는
내가 컨트롤한다.

의지의
코리언 아줌

드디어 머리를 감아보아요…
젖어서 컬러가 잘 안 보일지 모르니
드라이로 말려보아요….

셀프 염색 대실패.
한 시간 동안 나 뭐한 거임??

짜잔!

Before

After

오우 쉣!

오늘의 교훈:
머리는 미용실 가서 하자.
전문가가 괜히 전문가가 아님.

## 겪어봐야 실감하는 무게

빠진 머리가 다시
나고 있는데
짧으니까 마구
솟구침. 머리가
부시시한 느낌이
강해짐. 남자들이
이래서 무스.젤
바르는구나 . . .

출산이라는 것은 생각보다
무척 엄청난 프로젝트였다.
세상의 많은 여성이 자진해서
하는 일이고 두번 이상 하는 경우도
많아 솔직히 별거 아닐 줄 알았다.
세계 어디에서나 애를 낳고
병원이나 산후조리원이 없던
시절에도 모두 출산을 했으니까.
그런데 겪어보니 여성의 신체에
어마어마한 변화를 주고
일부 장기나 내분비 시스템에
무리를 주기도 한다. 9개월 뿐
아니라 출산직후와 모유수유
기간에도 엄마의 몸은 굉장한
transition을 외로이, 묵묵히
겪고 있다는 것.

예를 들자면 백일 전후로
한동안 머리가 무섭게 빠진다.
다시 나는 건 사실이지만
(다행히) 진짜 겁 났음.

160

새로 나오는 머리 길이와 큰 녀석 머리 길이가 일치한다.
그 녀석도 나랑 비슷한 시점에 머리가 엄청 빠지면서
M자 헤어였는데 다행히 요즘은 괜찮다.
작은 녀석은…. 걘 그냥 머리가 없다. ㅜㅜ 언젠가는 생기겠지.
아무리 머리가 없는 아기들도 두 돌인가 세 돌 전에는
다 괜찮아진다고 하니 믿어보자.
요즘 애들이 낮잠도 거의 안 자고 서로 밀치고 싸워서
이모님이 하루 종일 힘드실 것이다.
그래도 성격상 힘들다는 말씀은 잘 안 하신다.
퇴근해서 내가 괜히 미안하니까 "오늘도 애들이 많이 힘들게 했어요,
이모님?" 하면 무심하게 "맨날 그렇지 뭐" 하시고 만다. 쏘쿨.
애들 봐주시는 것만으로도 감사한데
집안도 늘 깔끔하게 유지하시고 음식도 하신다.
물론 정말 바쁘실 땐 못 하시는 경우도 있지만 가끔이다.
도시락 싸가라고 국물 없는 반찬 위주로 많이 해주시는 것도
참 감사하다. 애들뿐 아니라 나도 먹여 살리시는 이모님.
이모님 아니었으면 지금의 나는 더 말랐을지도 모른다.
어휴, 그럼 진짜 난민룩 완성.

오늘의 교훈 : 평소에 감사하며 살자.

집에 비디오폰은 아니고
그냥 인터폰만 있어서 누가 초인종을 누르면
목소리로 확인하게 되어 있다.

… 가끔 문 열지 말까 고민합니다.

요즘 장사가 안 돼?
왜 마담이 직접 나와?
젊은 애들 없어?
물관리 이래가지고
장사 되겠어?
현역 뛸 나이 아닐 텐데...

날이 더워서 그런가
입맛도 없고 밥도 하기 싫다고 했더니
저녁 남편이 족발과 청하 한 병을 사들고 귀가.

대략 우리 집 술 마시는 날의 유머.

# 미안해

아이들을 두고 출근하는 발걸음은 모래주머니를 단 것처럼 무겁습니다. 아이가 아프거나 출장이라도 가야 하는 날이면 심장에 소금이라도 뿌린 것처럼 가슴속이 따갑죠. 가족을 위해서 열심히 사는 것뿐인데도 죄책감이 드는 것은 왜인지요. 매일 반복해도 결코 익숙해지거나 무게가 줄지 않는 미안함과 속상함…. '애들아, 나중에 크면 엄마를 이해하게 될 거야. 엄마 다녀올게.' 오늘도 울컥 목울음을 삼키며 출근합니다.

# 엄마는
# 출근해

·

두 번째

**책상 앞의 生**

생각해보니…

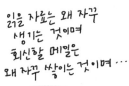

어제 아침은 사무실 책상에 앉아
이메일을 확인하면서 빵 먹고,
점심은 회의실에서 도시락 먹고,
저녁은 야근하면서
다시 책상에 앉아 샌드위치를 먹었네.

오늘도 야근 가능성
100%

## 시간이 안 가더라니

시간이 정말 드럽게 안 간다 싶더라니…
그럼 그렇지 월급날 이틀 전.
은행에 약 10만 원 남았다 – 방금 ARS로 확인했음.

어쩌고
저쩌고…
좋알좋알…
뭐뭐는 1번
뭐뭐는 2번…
뭐라뭐라
블라블라…

도대체
어디로 사라진거지…
왓 해픈?
흔적도 없어
흔적도…

**과부하**

갑자기 일이 너무 몰린다.
후배 직원에게 좀 나누어주고 싶고
그 직원도 "일 너무 많으신 것 같은데 좀 주세요"라고 하지만…
이런 젠장, 일을 도무지 나눌 수가 없다!
내가 혼자 머리 싸매고 할 수밖에 없는 일들임!
우우우 냐냐냐냐….

푸푸푸
드르렁 드르렁
쿨쿨
음냐음냐
짭짭

아버지가 코를 심하게
골아도 애들이 잘 잡니다.
역시 핏줄인가?

## 일요일 밤

요즘은 자려고 누우면
다음 날 처리해야 할 회사 업무가
총천연색 파노라마 파워포인트로 지나갑니다.
특히 일요일 저녁.

···어떻게 하면 좋을까요?

**외조**

이번 출장에 합류하려고 했던 변호사 님은
왜 취소했나 했더니
와이프가 이라크 가려면
이혼하고 가라고 해서 그런 거래.
하긴 방문 금지 국가라 서류도
복잡하고 좀 그렇긴하지…
근데 말야… 남편은 나 걱정 안 됨?

애들 키우려면
마누라 롱런해야지.
주말에 내가 애들 볼 테니
잘 다녀오라.

내조의
왕

후딱 다녀오겠습니다.

정상 근무하고 퇴근해서 짐 싸고 밤 12시 비행기로 출국.
밤 비행기에다 주말 낀, 보스께서 격하게 사랑하시는 고효율 출장.
심지어 올 때도 밤 비행기입니다.

**깜짝이야**

잠결에 애 이불 덮어주려고
옆자리를 더듬는데 아무도 없어서
깜짝 놀라 벌떡 일어나보니…

여기가 어디여.
그리고 내가 왜 이 큰 침대에서 자고 있지?
아, 맞다. 어제 저녁에 출장 왔지.

**기내 음주**

식사와 함께 음료 한 잔 하시겠습니까?

화이트와인으로 주시고요…
쪼매난 유리잔은 됐고
물 따라 주시는 잔 있죠?
네, 큰 거 그거요.
거기에 따라주세요.

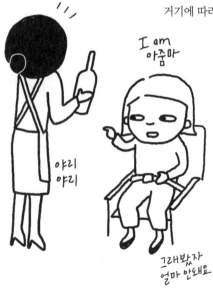

난 비행기를 타면 영화도 안 보고 음악도 안 듣고 게임도 안 한다.
주로 책 보다가 밥 주면 먹고 졸다가 또 책 보고….
도착해서 바로 회의가 있는 경우를 빼면 와인도 한 잔 마셔준다.
잠도 잘 오고 세상이 살짝 밝아진다.

## 이라크 출장

아무리 경호를 잘해도
누군가가 마음먹고
테러를 감행한다면
막는 것은 불가능합니다.
소총까지 막아줄 수 있는
방탄조끼는
외부로 나갈 때 항상 착용.

아… 아 네네…

비틀

테러고
뭐고
몸도 못
가누겠음

휘청

어우 근데 방탄조끼
너무 무거워서
땅으로 꺼지는 줄 ㅜㅜ

세계 최대 규모라는 두바이몰에 구경 갔다.
외국인이 많았지만 현지인도 꽤 보였는데
주로 남자들은 흰색, 여자들은 검은색.
답답한 부르카를 입은 여성은 거의 없었지만
얼굴 전체를 드러낸 분들과
일부만 드러낸 분들은 대략 반반.
하지만 두바이 언니들
눈 화장 빡세게 들어가시고 가방 구두 신상임.
엄훠~ 중동 언니들도 멋쟁이~

화려한 눈화장
(막 입체)

키 큰데
배 나온
오빠들
많아요

치렁치렁
입고 킬힐 착용
언니, 조심햐

구두는
이태리 명품

엄마 회사
갔다올게.
이모님 말씀 잘 듣고
잘 놀고 있어.

도시락
inside

현관 앞까지 따라와서 초롱초롱한 눈으로
신발 신는 나를 올려다 보는 애들을 두고
쿨하게 현관문을 닫습니다.
아침마다 가슴이 갈래갈래 찢깁니다.
이제 익숙해질 때도 되었건만 매일 똑같이 아픕니다.

## 내 잘못

정말 이상하게도 출장을 갔다 오면 애가 아프다.
우리 애들은 다행히 한 놈이 아파도 다른 놈은 괜찮았는데
(쌍둥이들은 보통 같이 아프다고들 함)
이번에는 작은놈이 먼저 열이 나고 콧물이 나더니
오늘 새벽에는 큰놈까지.
다들 자책은 도움이 안 된다고 조언하는 거 나도 아는데,
이론상 뭔가 말이 안 된다는 거 나도 아는데,
그래도 내 잘못 같다.
내가 잘못해서 애들이 아픈 것 같다.
전부 내 탓인 것만 같다.

**테러리스트**

**강심장**

월요일 밤 얘기를 잠깐 하자면,

잘 자던 큰애가 밤 12시 20분에 자지러지게 울며 깨더니
계속 업으란다. 무서운 꿈을 꾸었는지 진정도 안 되고
소리를 지르며 울다가 결국 1시 반에 잠들었다.
한 시간 넘게 애를 업고 달래는 내 옆에서 일어나지도 않는 남편.
죽을라고 저게.

색조화장 따위
하지도 않지만
화장하는데 오래걸림.
진짜 고난도
화장은
기미·잡티
커버메이크업.

피부과에서
돈지랄을 하면
좋아질까?
아오 우울해…

30대 중반
넘어가면
뭔짓을 해도 GG.

## 슬픈 피부

아침에 화장할 때마다 우울하다.
도대체 왜 이 지겨운 기미가 자꾸 짙어지는 거임?
비비크림과 커버스틱 없이는 밖에 나갈 수가 없음.

젊은 분들 꼭 기억하세요.
피부 사랑은 20대부터.

## I miss 편한 주말

아침에 후배 직원이 인사하는데 나도 모르게 이럼.
토요일 밤과 일요일 밤 연속으로
제대로 못 잤더니 말입니다.
토요일엔 예방접종 후 준이가 열이 올랐지만
일요일엔 왜 또 3시 반에 깬 걸까요.

과장님,
편한 주말 되셨습니까?

No!

아… 아, 네…

눈이
안 떠져
눈이…

텀블러에
커피

추석 잘들 보내세용~

## 어쨌거나 해피 추석

회사 행사에 갔다가 11시 반에 풀려나 집에 오니 자정이다.
샤워하고 나오니 편도가 부어 열이 나는 준이가
12시 반에 울며 깬다. 이모님과 함께 약을 먹이고 분유를 먹이고
1시 반에 누웠으나 너무 지쳐 잠도 안 온다.
3시에 훈이의 낑낑대는 소리에 깬다.
6시에는 훈이가 완전히 깬다. 놀아달라고 보챈다.
하지만 눈이 너무 무겁다. 손아귀 힘이 억센 누군가가
내 뒤통수의 머리카락을 호되게 쥐고
일어나지 못하게 하는 것만 같다.
오늘은 두꺼운 커튼이 드리워진 방을 빌려 더도 말고
딱 두 시간만 쉬었으면 좋겠다.
애니웨이, 내일부터 추석 연휴다. 그리고 곧 10월이다.

## 가을에는 알레르기를

매년 가을이면 한 달 이상을
알레르기성 비염으로 고생하는데
며칠 전부터 이건 너무 심하다 싶어
회사 근처의 이비인후과 방문.
낡은 건물 2층, 나이 지긋하신 의사쌤께서
진료하시는 그런 곳임.

비염에 감기가 겹쳐 목과 코가 많이 부었으니
약 먹고 매일 오라고….

**고통 속의 대화**

애들 보려면 주말에는 절대 아파서는 안 되기에…
오늘도 이비인후과 호러 진료.

그래도 어제 보다는 좋아졌습니다.

아들입니다.

이란성이요.

아뇨. 애가 안 생겨서 의학의 도움을 받았더니만 쌍둥이가 되었습니다.

아 제가… 선생님… 나이가요…

쌍둥이엄마 빨리 나아야지.

아들이야 딸이야?

일란성, 이란성?

집안 내력?

그래, 마음대로 안 되지. 근데 딸도 낳으면 좋겠구먼. 아들만 둘이니까.

나이 괜찮아.

선생님은 물론 괜찮으시죠… I'm not OK.

왠지 이어지는 인터뷰.
눈물-콧물-침까지
줄줄 흘러도
대화 나누는 센스.
그래, 받아들이자.
고통도 삶의 일부겠지….

## 쌍둥이 형제의 일과

어제 이모님께서 부엌일을 하고 계시는데
애들이 안방에 들어가서 조용하게 놀고 있길래
잘 놀고 있나보다…
그게 아니지, 뭔가 이상한데? 하셨다고.

그래서 가보니 큰놈이 티슈를 한 장씩 뽁뽁 뽑아
동생에게 주면 작은놈이 옆에 앉아
그걸 국수처럼 얇게얇게 찢고 있더라고.
업무 분담 철저한 그분들.

큰놈이 자꾸 작은놈을 귀찮게 하다가 결국 울리면
이모님이 우는 놈을 업어 분리시킴과 동시에 달래시는데…
어제는 작은놈을 업었더니 큰놈이 포대기를 갖다주더라고.
병 주고 약 주고.

**훈이 vs 준이**

애들이 소파, 울타리 등을 잡고 일어나서
한참씩 놀다가 어떻게 앉을까요?

훈이 스타일 :

꼭 잡고
(손가락 힘 빡)

평소의 급한 성격과 달리
조심조심 다리를 구부리며
몸을 내린다.

조신하게
엉덩이 소프트 꽁.

소심한
뒷모습

착지

준이 스타일 :

역시 꼭 잡고

엉덩이를 뒤로 빼며 다리를 쫙 벌린다.

엉덩이 콘티뉴 후진, 다리 찢으며 엉덩이 소프트 꽁.

쩍벌남

착지

지들도 안 아프려고 나름 머리 많이 쓰네요.

껑껑 응!
(잠 안 오니까 놀아주셈)
응… 앙앙.
(롸잇 나우!)

아들아…
인간적으로 6시까지만
봐주면 안 될까?

새끼가
웬수여…

**새벽 5시**

큰놈이 새벽 5시에 깨더니 놀자고 껑껑대길래
좀 더 자라고 하면서 안 일어나고 버렸다.
그랬더니 마덜의 머리끄덩이를 잡아 일으켜 세우심.

192

## 도시락이 좋은 이유

가끔 점심 도시락을 먹고 혼자 회사 근처 공원에 가곤 한다.
늘 공원 입구까지만 갔다가 돌아오거나
벤치에 잠시 앉았다가 오고는 했는데 오늘은 머리도 복잡하고
3주째 낫지 않는 감기 때문에 울적하기도 해
처음으로 산책로를 따라 공원을 가로질러봤다.
작은 공원이라 시간은 오래 걸리지 않는다.
매일 도시락을 먹는다고 하면 놀라는 사람이 꽤 많다.
"부지런하시네요" 하는 분이 특히 많은데 이건 오해다.
직장맘이다보니 퇴근을 하면
조금이라도 더 애들을 보려고 부리나케 집에 가게 되고,
거의 항상 집에서 저녁을 먹게 되니까
그냥 밥 먹을 때 도시락을 같이 싸는 것뿐이다.
도시락이 좋은 이유는 많다.
식당 음식에 비해 몸에도 좋고 시간도 절약된다.
주로 혼자 먹게 되니
식사하며 책을 읽을 수 있다는 것도 장점.

물론 나쁜 점도 있다.
예를 들면 좀 왕따 분위기가 될 수도···. −＿−;

## 단체복

매년 개천절에 회사 행사.
전세 버스를 타고 인적 드문 곳으로 우르르 가서
체육대회 비슷한 걸 함.

아 행사 때 입을
단체복 나왔군요…
예쁘… 네요…
하하하

상쾌한
공기도 마시고
너무 기뻐요
하하…

연기력이 떨어져 멘트와 표정이 따로 노는 상황…
게다가 다음 주 한글날에는 출장이 잡혔… 아오씨.

## 보상은 카페라테

어제 체육대회 비스무리한 행사를 치렀다.
회사 직원들은 행사요원으로 투입된 거라
나는 남의 애들을 보았다.

어쩌다보니 페이스 페인팅을 맡게 되었으나
붓이 하나라 그림 그리기가 쉽지 않았다.
얼굴은 그렇고 손등 페인팅으로 진행.
의외로 애들이 줄을 섰다는….

복잡한건 안 되고
꽃이나 별, 하트 중
하나 고르면 그려줄게.
안 예뻐도 이해하시고.

디스이즈
셀프 토닥토닥

어제 종일 '노가다'를 했더니 등이 아프다.
허리도 아니고 웬 등이…
이렇게 좀 힘든 날에는 스스로를 위로하기 위해
출근길에 커피숍에서 라테를 한 잔 삽니다.
"그래, 수고했어. 오늘도 힘내자."

## 백화점 갔다가 기절할 뻔

출장이나 공식적인 회의가 있을 때 입을
베이식한 검은색이나 감색 정장이 필요해서 백화점에 갔는데,
행사장에는 정장이 전혀 없어 여성복 매장을 돌았다.
타임이나 마인 같은 곳은 제외하고(예쁜데 비쌈)
그냥 웬만한 국내 브랜드들 매장을 둘러본 것이다.
그런데도 재킷-바지-치마 정장이 대략 100만 원.
5~10퍼센트 할인해주는데도 가격이 그 따위라 기절.
게다가 디자인도 거의 한두 가지로 그냥 정말 기본 스타일인데.
우리나라 옷이 언제부터 이렇게 비싸졌는지 모르겠다.
저만 그렇게 느끼는 건 아니겠죠. 설마?
아 그리고 요즘은 왜 검은색 정장밖에 없나?
감색, 회색, 핀스트라이프 등등은 구경을 못하겠네.
단품으로 다 따로 사서 입거나
원피스에 재킷을 입는 게 대세인가보다.
하지만 난 따로따로 사서 코디해야 하는 믹스&매치라는 게
제일 힘들단 말이다!(그래서 정장은 스리피스로 사서
주구장창 바지와 치마를 번갈아가며 입음)

## 왜 이러는 걸까요?

하반기 가장 중요한 행사라며
없는 돈에 정장까지 구입하신 쌍둥어미…

호텔 도착해 짐 풀다가보니
치마랑 바지는 가져왔는데
재킷을 안 가져 왔음.
And 달랑 셔츠 두 장에 블라우스 하나.
저 왜 이럴까요…ㅜㅜ

바바리를
벗을 수가 없군…
베이징 추움yo…

what's
wrong with
me…

여기는 베이징. 공기도 안 좋고 매우 건조합니다.
얼굴이 쩍쩍 갈라지는 느낌.
아침에 왔는데 벌써 집에 가고 싶네요.

**날벼락**

멘붕…

다음 주에 몽골 출장,
그다음 주에 중국 출장인데 이모님께서
그때까지만 계시겠다고 하신다.
비자 문제로 중국에 갔다 와야 할 것 같은데
안 가도 되는 방법이 있는지 알아보겠다고 하신 후
며칠 만에 이 무슨 청천벽력 같은…
얼마 동안 가시냐고 여쭤봤더니
다른 사람을 알아보는 게 좋겠다고 하신다.

정신이 없다.
일도 되지 않고 애들 얼굴만 자꾸 떠오른다.

준아, 훈아. 미안하다.
미안하다.
미안하다.

## 믿기 힘든 이별

이모님께서 그만두신다는 말씀에 며칠간 정신이 없었다.
월요일에는 정말 일도 안 되더라.
그냥 머릿속이 하얘지더니 준이와 훈이 얼굴만 맴돌았다. 하루 종일.
이모님과 진지하게 얘기를 해봤는데
불만이 있어서 그만두시는 건 아닌 것 같다.
월급을 올려드리거나 하는 문제라면 오히려 간단할 텐데….
처음 입주하실 때부터 12월에는 비자 만기라
중국에 가야 한다고 하셨고, 예상보다 한 달 일찍 그만두시는 것은
중국에 다녀오시기 전에 개인적인 일이 있어서 그렇단다.
내년 초에나 서울에 올 텐데 자꾸 사람 바뀌는 게
애들한테 안 좋으니 그냥 새로운 사람을 뽑는 것이 낫겠다고 하신다.
저희가 이모님 같은 분을 어디서 또 찾겠어요.
애들도 이모님 너무 좋아하는데, 그랬더니 까다로운 애들도 아니고
이유식도 잘 먹고 우유도 잘 먹어 문제없을 거라고 하신다.

아무것도 모르는 녀석들은 오늘도 이모님한테 안아달라고
매달리고 떼를 쓴다. 불쌍한 준이, 훈이.
상황이 이러니 어쩌겠나.
몇 군데 사이트에 사람 구한다는 글을 올리니
여기저기 소개소에서 전화가 온다.
주말에 몇 분이 면접을 보러 오기로 했다.
새로 사람을 뽑아야 한다는 것을 알면서도
이모님이 그만두신다는 사실을 받아들이기가 싫다.
이모님은 날 어떻게 생각하는지 모르지만
나는 그동안 분명 이모님께 많이 의지해왔다.
준이와 훈이에게도 큰일이다.
준이가 울 때 이모님이 "준아 이리 와라" 하시면
멀쩡히 잘 놀고 있던 훈이가 갖고 놀던 장난감을 홱 팽개치고
이모님께 기어간다. 형아를 먼저 안아줄까봐
정신없이 급하게 기어가느라 난리다.
훈이가 이모님에게 안겨 있으면 준이가 스윽 다가와
이모님께 양팔을 벌린다. 결국 이모님이 양 무릎에
한 놈씩 올려놓고 안아주시면 준이가 이모님을 보며 씩 웃는다.
그러면서 이모님 몰래 한쪽 발로 훈이를 밀친다.

우리 애들에게는 지금 엄마나 아빠보다
더 소중한 사람이 이모님이다.
그런데 이모님이 떠나시게 되었다. 애들에게 얼마나 슬픈 일일까.
아…, 가슴이 미어진다.

내일 아침 9시 비행기로
베이징에 간다.
출장 후 귀국하면 이모님은
다음 날 아침에 떠나신다.
1월 25일, 배낭 하나 메시고
씩씩하게 나타나
우리애들과 나에게
구원의 손길을 내미셨던
그분이 비자만기를 앞두고
그만두시는 것이다.
어떻게든 출국하지
않으셔도 되는지
여기저기 알아봤지만
일단 중국에 가셨다가
비자를 다시 받아 오시는
방법밖에는 없단다.

한 달이 걸릴지 두 달이 걸릴지 모르니
다른 분을 구하라고 하셨다.
오늘 이모님이 싸 주신 도시락을 마지막으로 먹었다.
항상 밥을 많이 먹어야 한다며 어찌나 꾹꾹 눌러
싸 주시는지 밥이 떡 같다.
I'm so sad ㅜㅜ

남자랑
헤어질 때도
이렇게
슬프진 않았어 …

울면 사람들이
놀라겠지. 참자.

## 마지막 도시락

사실 공짜 점심을 먹을 기회가 있었는데 안 간다고 했다.
이모님께서 싸주신 도시락을 마지막으로 경건한 마음으로
냠냠 먹기 위해 안 따라갔다.
나도 뭐 공짜라고 무조건 좋아하지는 않는다.

반찬은 전날 저녁에 냉장 보관, 밥은 아침에 담아 가지고
나오는 시스템인데 이모님이 밥을 퍼주시는 날에는
밥이 정말 떡처럼 꾹꾹 눌러져 있다.
일명 싱글 피스 라이스(single piece rice).
밥통이 너무 작다고 하시길래
"아니에요 이모님, 그거 작아 보여도 한 공기 들어가요" 그랬는데
그래도 작다는 생각을 버리지 못하시고 늘 꽉꽉 퍼주신다.
심드렁한 표정으로 "밥을 많이 먹어야지 뭘 먹겠나?" 하시는 그분.
오늘 아침에는 이모님이 애들에게 이유식 먹이느라 바쁘셔서
내가 밥을 퍼났다. 하지만 잠시 옷 갈아입는 새에
이모님이 열어보시고 밥을 추가하신 게 분명하다.
내가 헐렁하게 퍼 넣었는데 회사에 와서 열어보니 또 떡이다.

난 사람을 좋아하면 그냥 마구 좋아한다.
처음에는 마음 열기를 두려워하고 의심도 많지만
일단 좋아하게 되면 세상 끝까지 좋아할 기세다.
싫증도 안 난다.
지겹다니? 누가? 왜? 뭣 땜시?
남편과도 연애하고 결혼한 기간 합하면
8년이 훨씬 넘었지만 저녁 때마다 반갑다.

그래서 말인데, 이모님께서 떠나시는 게 많이많이 슬프다.
사람들이 걱정해주면 "아유 그러게 말이에요,
요즘 애들이 낯도 가리고 이모님 너무 따르는데 큰일이에요"라고
대답하지만 사실은 내가 걱정이다.
내가 낯을 가린다.
내가 너무 이모님을 따른다.
늘 그렇지만 우리 집에서 내가 제일 큰 문제다.

## 새 이모님

역사에 길이 남을 초대 이모님 시대가 막을 내리고
2대 이모님 즉위.
퇴근하고 집에 들어가보니…

서로 적응하려면 시간이 좀 필요하겠죠.
당분간 일지까지는 못 쓰겠다고 하셔서 바로 포기했고
목욕 매일 안 시켜도 되니까 잘 먹여만 달라고 요청.
시어머님이 와 계시기는 하지만,
타 부서 지원이 크게 도움될 일은 없죠.

이어서 바로 이모님께서 좋아하시는
드라마 시청을 허락했습니다.

## 또 새 이모님

2대 이모님은 이틀 만에 퇴장.
화요일 밤의 일이다.
뭐… 그렇게 되었다. ㅜㅜ
그래서 회사도 못 가고 바로 면접 봐서
한 명 새로 뽑은 게 수요일.

3대 이모님 등극!
좋은 분이시길.제발…

특징 : 큰 눈과 활발한 성격
홈타운 : 하얼빈

까칠한 준이도
잘 가고

준이도 잘 먹고

OK so far

위기의 수요일로 돌아가서…
남편과 각자의 회사에 위기 상황임을 알리고 휴가를 냈다.
집에서 애들을 보며 인터넷에 글 올리고
면접을 보기로 했는데 오전 11시쯤 연락도 없이
나타나신 그분은 다름 아닌…
초대 이모님(오리지널 이모님)!!

2대 이모님을 관찰해보셨는데 영 미덥지가 않으셨던 모양이다.
수요일이 이유식 만드는 날이라고 당부해뒀지만
제대로 안 하고 있을까봐 와보셨다고.
그러지 않아도 이유식을 만든다고 우왕좌왕 난리를 치는
상황이었는데 그분의 지도 아래 바로 상황 캄다운, 정리되었음.
결국 잠깐 들여다보고 가시려다가
두어 시간 잡혀서 점심도 드시고 총총.

친정엄마가 오신 것처럼 너무 반갑고 기쁘고 감사했다. 눈물 나올 뻔.

현관에서 신발도 제대로 벗으시기 전에
남편과 함께 이모님이 안 계셨던 만 이틀간의 사태를 쉴 새 없이
주절주절 보고드림. 우리가 안쓰러웠던지
뭐 그런 사람이 다 있느냐고 위로해주시고.
이모님께서 편들어주시니 더욱 신이 나서 떠든 두 사람.
전날 저녁부터 많이 힘들었는데
이모님의 등장으로 마음이 좀 가라앉았다.
이모님이 좋은 집으로 이사 잘 하시고
건강하게 중국 다녀오셔야 할 텐데….
킁, 또 눈물 날라.

이제 곧 공항으로 가야 한다.
1박 2일 몽골 출장.
울란바토르는 영하 15도라고 해서 오리털파카를 챙겼다.
내가 무슨 정신으로 출장을 가는 건지 나도 모르겠다.

**꼴보기 싫다**

나의 입장 :
요즘 남편이
너무 꼴보기 싫다.

곰돌 군의 입장 :

## 첫 경험

돌을 열흘 앞두고 난생처음으로 감기에 걸리신 미니곰돌2.
병원에 다녀왔고 약을 먹고 있는데도
어젯밤 다시 열이 39도 넘게 올라가서 계속 울고
못 자고 보채고 했다. 불쌍한 훈이.
처음 아파보니 얼마나 당황스러울까.
'어? 이게 뭐지?
내 몸 왜 이래? 입맛도 없네? 엥?'

↑ first time

결국 새벽 5시에
곰돌 군이 침대로 훈이를
데리고 가 재웠음
(아 맞다 침대 버렸지
매트리스만 있구나)

따끈따끈한
곰돌난로

드르렁
푸푸

방바닥에 깔린 요 위에서
이불 똘똘말고 코 골며
주무신 훈이어미

다른 집들은 엄마가 애 데리고 침대에서 자고
아빠가 바닥에서 잔다던데…
아니 근데 저도 새벽에 계속 깨고
애 분유 타 먹이고 약 먹이고 했다니깐요.

이틀 연속 잠을 제대로 못 잤더니 정말 피곤하네요.
전에 준이 아팠을 때 저보다 더 잠 못 주무시고
계속 애 업어주시고 약 먹여주시던
초대 이모님 생각에 눈물이 글썽합니다.
그런 이모님 세상에 또 없겠죠.

# 못 가겠습니다!

단호!

## 출장이요? Again?

죄송하지만
저 이번에는 못 가겠습니다.
토요일 아침 귀국 일정이던데
저희 강아지 녀석들이
그날 돌이거든요.
돌잔치는 크게 안 하지만
시댁식구들과 식사 하기로
했단 말이죠. 아이해브어
personal life, 유노와람쌩?

… 이라고 말했습니다. 마음속으로요. 흑.

214

**릴레이**

감기를 사이좋게 주거니 받거니 하면서
엄마를 똥개 훈련시키는 쌍둥이 형제.
오늘은 큰놈을 데리고 병원에 갔더니 선생님께서
"오늘은 준인가요, 훈인가요?"

엄마를 위한
돌이벤트인가 봐요 ㅜㅜ
우리모두 감기 조심~

지난달

이번 달

# Happy 돌!

할머니와
74년 차이

할아버지와는
78년 차이

고녀석들
참...

## Happy 돌!

훈이와 준이가 태어난 지 1년이 되었다.
눈도 못 뜨고 쭈글쭈글했던
(요놈들 나중에 어떻게 장가보내지 하며 걱정했음)
녀석들이 많이 컸네요. 왠지 감개무량.
다른 엄마들도 다들 이렇겠죠….

돌이라고 뭐 대단한 이벤트는 없었고
그냥 시댁 식구들과 식사했습니다.
거창한 돌잔치는 못해줬지만 애들아,
엄마 아빠가 너희들 많이많이 사랑한단다.
건강하게 잘 커줘서 고맙고 앞으로도
씩씩하고 건강하고 착하게 잘 자라주렴.

준아, 훈아. 사랑해.
아, 그리고 할아버지, 할머니도 사랑하신대.

## 연말

어수선한 연말이다.
24일에 회사가 이전을 해서 크리스마스 전후로 업무 마비였고
(대신 노가다 대박) 이제 겨우 일 좀 해보려고 앉았더니
이것저것 마감할 일들이 널려 있다.
빨래 걷듯 하나하나 집어 들어 착착 개켜서
정리해놓아야 하지만 이게 꽤 성가시다.
게다가 여러 층에 나뉘어 있던 부서들이
이제는 모두 옹기종기 한 층에 모여 있어 파티션 너머로
사람들의 목소리와 전화벨 소리 등이 계속 들려오니 정말 시끄럽다.
책상도 작아지고 자리도 좁아진 데다
프라이버시도 더 이상 존재하지 않는다.
사람들이 지나다니면서 내 모니터를 본다고 생각하니
인터넷도 잘 안 들어가게 된다.
벽을 따라 배치된 실장님과 부장님들의 자리가 가장 좋지만
창가라서 여름엔 자외선 대박(멀리 보자).
릴렉스 불가능한 이 사무실 구조, 정말 싫구나.
하아아아….

## 혼이 쏙 빠지는 날

아 네네…
지금 들어가고
있습니다… 네네…
바로 하겠습니다…

훈이가 목이 또 부어 열이 오르고
준이는 기저귀 발진이 내 눈에도 너무 심하다 했더니
2차 감염으로 진행되었단다.
병원 데리고 갔다가 출근하려는데
애들은 울고 회사에서 전화는 오고….

내가 제 정신이 아님 YO.

## Not enough

3대 이모님의 시대 종료. 이모님 없이 이틀이 지났다.
하루 종일 애들 보고 집안일 하고 이유식 만들고…
힘들다, 라는 표현은 not enough.

약을 먹어도
감기가 안 떨어지는데
먹지말까 …

3대 이모님이 계셨던 두 달간 많은 일이 있었다.
좋아지겠지, 내가 더 노력하면
이모님도 나아지실 거야, 라고 생각하면서
시간이 많은 부분을 극복해주길 바랐다.
또 이모님을 교체하기엔 내가 너무 바빴고 출장도 많았고
연말이라 곰돌 군도 야근을 안 하는 날이 거의 없었다.
크리스마스에는 내가,
1월 1일에는 곰돌 군이 출근했을 정도.
하지만 달라지기는커녕 오히려 상황이 나빠져만 갔다.

딱 하나만 언급하자면,
돌쟁이 애들만 두고 낮에 외출하셨던 사건.
너무 충격이라 머리가 돌아버릴 것 같다.
그래서 어쩔 수없이 그만두시게 해야 했다.

살이 계속 빠지고 있는데 통 입맛이 없다.
조만간 완벽한 난민룩을 완성할 수 있을 듯.

**면접**

애들 본 경험 많죠…
판사 집에서 봤고요…
그 집에서 5년 일했는데
외국으로 이민 갔어요.
쌍둥이 해봤고요
애들이 저 좋아해요….
아빠 엄마 밥은 안 챙겨도 되는 거죠?
혼자 애 둘을 보니까
집안일은 잘 못하겠네요….

아 네…
그렇군요….

저희는
신경 안 쓰셔도….

어찌나 많은 이모 후보님들이
판사, 검사, 의사 집에서 애들을 보셨는지.
그리고 어쩜 하나같이 이민이나 해외 연수를 떠나
연락할 수가 없는지.

금요일에 남편과 휴가를 내고 금·토 이틀간
새로 올 입주 도우미 면접을 진행했다. 꽤 많은 분이 오셨다.
그런데 농담이 아니라 그중 절반은
판사, 검사, 의사 집에서 애들을 봤다고 하셔서
우리나라에 도대체 판사, 검사, 의사의 수가 그렇게 많다면
정말 대단한 사회적 문제라는 생각이 들었다.
나이를 속이는 분도 여전히 많았다.
심지어 신분증을 지참하지 않은 분도 계셨다.
외국인등록증과 여권이 출입국관리소에 있는데
1년 후에 받는다고 하셔서 기가 찼다. 진이 빠진다.
좋은 이모님을 구할 수 있을까.
너무 힘든 와중에 회사에서 연락이 와서 틈틈이 일도 했다.
안경을 쓰고 컴퓨터 앞에 앉으면 애들이 난리가 난다.
안경 벗기고 울고 손을 잡아끌고 방 밖으로 나간다.
곰돌 군도 고생했다.
이틀 동안 곰돌 군의 휴대폰에도 불이 났으니.

## 일요일의 행복

체력적으로 정신적으로 많이 힘든 주말이었다.

하지만 고민과 토론과 또 고민 끝에
새로 오실 이모님을 결정.
그래서 오늘은 애들을 데리고
백화점도 다녀오고 동네 산책도 나갔다.
산책 중에 준이 맴매 1회가 있기는 했지만
좀 행복했다.

주말 외출 시
항상 백팩을
메고 다님.

가장 자주 하는 말:
"나는 머슴 살려고
장가 왔다."

금요일에 11명, 토요일에 13명의
입주 이모님 후보자들의 면접을 봤다.
이분이다 싶은 경우는 없었고 그중 곰돌 군도 나도
제일 괜찮다고 생각한 분은 주 5일을 요구하시면서도
월급은 올려달라는 식의 멘트를 해서서 결국 포기.
인상이 좀 세 보이기는 하지만
비교적 솔직해 보이셨던 분으로 결정했다.
사람은 겪어보지 않으면 알 수 없다.

**남편의 새해 오락**

벌써 몇 번째인데 매번 재미있어 하네요

## 파마는 연례행사

지난주에 짬을 내서 퇴근 후 미용실 방문.
뿌리 염색도 해야 했지만
머리도 좀 자르고 볶아줌.
생각해보니 아니 글쎄,
작년 2월 복직한다고 파마한 게
마지막 파마가 아니겠슴?

미용실에 가면
무척 온순해진다.
헤어드자이너
선생님을 믿고
맡겨 보아요~
(늘 별 아이디어
없이 가게됨)

늙어 보일까봐
더 짧게는
못 자르겠음.
아아 슬프다…

목표:
6개월에 한 번은
뽀아하자.
내 자신을 사랑한다는
의미에서.
(뭔 소리임?)

그나저나 이젠 뭘 해도 아줌마 같네요… 휴.

## 입안이 헐다

입안이 헐어서 아프다.
특히 커피같은 뜨거운 거 마실땐
나도 모르게 오만상이 찌푸려짐.
하지만 목도 아프고 사무실 공기가
건조하니 계속 뭔가 마시게 되는데
난 한여름에도 뜨거운 걸 마시는 게
좋아서 결국 종일 인상을 쓰고 있는 셈.

꾸웩        꺅

아오

헐퀴        으

아우치

가끔은 나도 모르게
주먹이···

Life is full of
all kinds of pain
and it's simply
impossible to avoid them.

알보칠도 열라
아프요

228

혹시 '알보칠'이 뭐예요? 하는 분들이 있을까봐 추가 설명.

알보칠은 입안이 헐었을 때 바르는 갈색 물약입니다.

면봉에 적셔서 아픈 부분에 발라주는데

접촉과 동시에 1~2초간 지옥을 맛보게 되죠.

"따가운 정도겠지, 엄살 아냐?" 하시는 분들,

여보세요, 헬로?

한번 트라이 해보시면 내 말을 믿게 됨.

진짜 악! 소리와 함께

잠시 동안이지만 앞이 안 보이는 고통이….

그나마 그게 순식간에 지나가기 때문에 참을 만한 거라고요.

하지만 다른 어떤 연고, 꿀 등등보다

훨씬 효과가 좋은 관계로 애용.

## 어차피 한 명

아무도 없는 사무실.

귀걸이 1년에
두세 번 하는데 오늘
정장에 구두에
귀걸이도 착용했건만…

회사 동료가 6시에 결혼을 한다.
전 직원이 축하하러 결혼식장으로 갔는데 나는 못 갔다.
2주 뒤에 있을 행사 준비로 갑자기 일이 떨어져서 갈 수가 없다.
어차피 한 명은 남아 전화를 받아야 하니 잘된 거다 생각해봐도…
아오 좀 짜증나네 거.

팔자려니 해야죠

## 호랑이띠의 운명

어젯밤 10시 50분 퇴근. 요즘 야근을 밥 먹듯.

어릴 때 할머니께서 "호랑이띠 해에 겨울,
그것도 한밤중에 태어났으니
평생 바쁘게 일을 해야 하는 사주다"라고 하셨는데 사실일까.

꼬꼬
취킨띠
곰돌 군

꺅꺅 엄마엄마!
아빠아빠!

호랭이
마늘 & 엄마

그냥… 많은 걸 바라는 것은 아니고
일주일에 두 번만
저녁에 애들이 깨어 있을 때 귀가하고 싶다.

# 결근

얼마 전 상하이 출장을 다녀온 뒤로 몸이 계속 안 좋아서
약을 먹고 있었는데 이번 주 화요일과 수요일에 늦게까지
야근을 했더니 확 나빠졌다. 어제는 회사를 못 갔다. 열이 많이 나고
오한이 나는데 힘은 하나도 없고 어지러워 일어날 수가 없었다.
내가 마른 체형이라 약하게 보여도 의외로 감기에도 잘 안 걸리는데
애들 낳고 몸이 많이 안 좋아지기는 했지만 이렇게 아파보기는 처음이다.
회사에 갔던 남편이 낮에 잠시 들어와 병원에 데리고 가줬다.
수액주사를 맞고 약을 타 오니 열이 좀 내려 잘 수 있었다.
하루 종일 병자 생활을 했는데도 여전히 몸 상태는 테러블.
그래도 일이 너무 많아 오늘은 어쩔 수 없이 회사에 나왔다.
자리에 앉자마자 실장님이 회의하자고 부르신다.
어제 저녁에 갑자기 떨어진 지시라면서 오전 중으로
무슨 무슨 자료를 만들어내라고 하신다. 머리가 핑핑 도는데도
어쩔 수 없이 대충 만들어서 넘겼다.
점심 때는 중국어 수업을 들어야 하고(회사에서 월·금요일 실시)
오후에는 또 이런저런 일이 많다. 6개월에 한 번씩 만드는 잡지가 있는데
그것도 인쇄 넘기려면 부지런을 떨어야 한다.
온몸에서 힘이라는 힘은 누군가가 쪼옥 빨아간 느낌이다.
어지럽다. 목이 아프다. 기침이 나온다. 더럽게도 가래가 노랗게 끓는다.
목 상황이 이러니 목소리가 걸걸꺼억꺼억쉿쉿.
살이 더 빠졌나 치마가 휙휙 돌아간다.
몸이 많이 아프니 가만히 있는데도 눈물이 나온다.

눈물이 나오니 갑자기 슬프다. 목이 멘다.
잠깐 울다가 다시 또 일한다. 무엇 때문에 이렇게 살고 있나.
살아남기 위해 어쩔 수 없는 거겠지만.

**진이 빠지는 나날**

하루하루가
진이 빠지는 요즘.
좋아지겠지.
버티다보면 능숙해지겠지.
날이 추워서 그럴 거야.
원래 1~2월에 우울증이 많다고
어디에서인가 들은 것 같은데…

할 수 있어.
잘 할 수 있어.

## 병원 투어&약 잔치

계속되는 병원 이야기.
병자 돋는 기침 때문에 연휴를 앞두고
지난 금요일에 또 이비인후과에 갔다.
한 달이 넘게 기침이 안 멎으니 의사선생님도 좀 머쓱해하시면서
내과에 가서 엑스레이를 한 번 찍어보는 게 어떠냐,
폐렴인지도 모른다, 이러시는 것이다.
"엥? 폐렴요?" 갑자기 겁을 확 주시더니만 항생제 포함 약 처방.
특유의 똘똘이 스머프 표정으로 이제는 항생제를 먹을
타이밍이 되었다고 하신다. 주말에 그 약을 먹고 기침이
다소 완화되기는 했지만 제대로 낫지도 않아
여전히 쿨럭대고 있는 데다가 연휴 내내 웬 두드러기까지….
네, 저 gaji gaji 하는 여자예요.
어쨌든 그래서 오늘 출근한 후에 상큼한 아침 공기를 마시며
내과 찍고 피부과 다녀왔다.
내과에서 엑스레이를 찍고 가래 검사도 했다.
가래 검사를 한다길래 아니 이건 왓츠디스? 처음 해보니 살짝 긴장.
투명한 통에 가래를 칵 올려 공손히 모아 의사선생님께 전달하니
허무하게도 눈높이로 올리신 후 그냥 자세히 노려보심.
애니웨이, 다행히도 폐렴은 아니라고 한다.
결혼 5년 만에 겨우겨우 애들 낳고 돌 치른 지 몇 달 만에
폐렴으로 죽는 줄 알고 혼자 드라마 썼음(아 폐렴으로 죽지는 않나?).
그리고 계속해서 피부과 고고.

피부과에 가서 두드러기 난 걸 보여주니
우아한 자태의 내 또래 의사쌤이
하들짝 놀란다. 얼굴은 안 그렇지만 몸은
아토피에 악건성이라면서 "상처나면
착색도 심한 아주 심각한 피부네요"라고.
의사를 놀라게 한 내 피부. 흑.

점심을 먹었으면 디저트로 약을 잡숴보아요~.
항생제를 포함해 이비인후과에서 처방한 약을 먹고,
피부과 약을 먹고, 내과에서 처방한 약을 한 알 더 먹고,
이제 연고만 바르면 되는군요. 하하하.
이렇게 간단한 것! 쿨럭쿨럭.

나의 목표 : 이번 주 안에 기침과
두드러기를 극복하고 주말엔 술 마신다.

**4대 이모님**

혼자 둘 보시기가
많이 힘드시죠
이모님···

괜찮소.
이만하면 순한 편이요.

뭔가 사무적인 느낌의 말투인 것 같아
처음에는 약간 어색했지만
한 달 넘게 이모님과 생활해보니
책임감 있고 좋은 분··· 같소.

## 차는 있소?

곰돌 군과 나는 원래 가구니 뭐니
집에 물건이 많은 걸 싫어해서 집이 좀 휑한데
애들 때문에 소파랑 침대도 없애 더욱 단출.
그래도 그렇게 없어 보인다는 생각은 못 했더랬다.

이모님께서 이런 질문을 하시기 전까지는 :

## 개구쟁이들

쌍둥이 녀석들이 하도 까불다가
넘어지고 밀치고 싸우고 해서
이마를 포함해 온몸에 멍투성이다.
어제는 퇴근하고 집에 가보니 작은놈 입에서 피 질질.
큰놈하고 바구니 쟁탈전 하느라 그랬다고.

## 전투를 끝내고

휴 수고했어 마눌.
난 이제
게임 한판 할게.

그래,
수고했다 곰돌.
마누라는 책 볼게.

눈가의
주름도 공유하는
부부

꼬질
꼬질

주말엔
세수도
사치임

애들을 각자 한 놈씩 재우는 데 성공.
래스칼맘(블로그 이웃이신) 님께서 하사하신
아이패치를 딱딱 붙여주시고
(이런 거 나 혼자 하면 의리 없다고
곰돌 군 항의함) 잠시 휴식. 애들아 푹 자렴.

애들아, 낮잠은
제발 롱롱타임

# 오랜만입니다

오잉? 왠일...

저녁에
무려 이런 공연에
가게 되었음YO.
회사에서 외국교수들
몇 명을 안내해서
가는 거기는 하지만
이게 웬 떡?

생각지도 못한
문화생활에 설레는
아줌마의 마음.
최근에 들은 음악이라고는
동요, 동요, 그리고 동요.
유행하는 노래,
가수 이름도 모름.
귀들이 호강할듯.

팀장님
지나 아세요?          No.

가수예요...

240

볼살이 많은게
콤플렉스예요...

샤방

얼굴 통통, 가슴 빵빵
그러나 몸은 날씬한
젊은 분들…
부럽부럽부럽.

나도
저런
시절이
있었
…
있었나?

## 양도 불가

최근 출장 중 불규칙적으로 폭식하고 술 마셨더니
2kg이 쪘는데 그게 다 배로 갔음.
얼굴이나 가슴으로 양도할 수 있다면 참 좋을 텐데.

## 나의 20대 패션

내가 1993년 9월에 대학교에 입학했으니까
올해로 20년 전인 거네. 와, 생각해보니 갑자기 놀라움.
세월이 언제 이렇게 간거? 나 언제 이렇게 나이든 거임? 와우! 쇼킹!
얼마 안 된 거 같은데 진짜… 오리엔테이션 때 친구랑 둘이
엄청 쫄아서 꼭 붙어다니고 휴대폰이 없던 시절이라
사전 약속 필수고 막 그랬었다. 돈 아끼느라 웬만하면
커피에 베이글만 먹고, 미술 전공이라 재료비가 많이 들어서
옷도 잘 못 샀음. 언니 옷 몰래 입었다가 걸려서 싸우기도 하고,
과 친구들이 중고 옷 사 입길래 따라가서 샀다가
엄마한테 거지 같다고 혼났었지. 여대생이 왜 맨날 그러고 다니냐고.

지금 생각해보면 왜 저러고 다녔을까 싶기도 하지만
미대에는 워낙 거지같이 입고 다니는 애들이 많아서
난 그렇게 심한 편은 아니었다.

20대부터 30대 초중반까지
야구모자 무척 좋아했음.
한 열개 있어도 남의 거
뺏고 그랬음.

캐나다는 미용실이
비싸서 주로 집에서
엄마가 잘라줌.
가끔은 야매로
친구 친구의 이모네 집
지하실에서 10달러
주고 자르기도 함.

93년
9월경

학교색이
보라

주구창창 입었던
멜빵바지.

배낭
에브리데이

즐겨 신던 군화 feel
발목 덮는 단화.
닥터마틴도 좋아함.

금발인 내 친구 켈리는 어느 날 나더러
"너 검은 머리 진짜 멋지다" 그러기에
'웃기고 있네' 하고 말았는데
다음 날 시커멓게 염색을 하고 나타났다.
참고로 백인 애들 검은색으로 염색하면 진짜진짜 이상함.
얼굴이 병자처럼 창백해 보이고 뭐랄까,
좀 뱀파이어 같으면서 그로테스크함.
그리고 한두 달 지나면
머리가 자라니까 뿌리만 금발. 더 이상함.
검은색 매니큐어에 두꺼운 검은색 아이라인
그리고 검은색 립스틱 발랐길래 친구를 사랑하는 마음에서
웬만하면 립스틱은 좀 자제하라고 조언.
그랬더니 올 블랙 패션에 쥐 잡아 먹은 듯
빨간 립스틱 바르고 당당히 나타났던 켈리.
스타일은 괴상했지만 마음은 착한 애였다.
미대 친구들이 우리 집에 놀러오면
아빠 엄마가 깜짝 놀라고는 하셨다.
한창 그런지(Grunge) 패션이 유행이던 1990년대 중반이라
애들이 거지 같은 옷차림에 머리도 덥수룩하고 그랬다.
그게 벌써 20년 전이라니 참….
인생이 허무한 것 같기도 하고 마음이 복잡하다.

세월이 흘러 내 나이 마흔.
요즘 내 곁을 지키는 친구들은 남편이 회사 가지고 가서
먹으라고 챙겨준 정관장, 엄마가 캐나다에서 보내준 오메가3와 칼슘,
병원 약 한 달 먹었더니 지겨워서
그냥 약국에서 산 감기약(근데 안 듣는다),
그리고 집에 놓고 먹는 멀티비타민도 있다.

봄이니까
도보로 출퇴근.
한 정거장인데
지하철 타기도
좀 거시기해…

나도 이제
운동하는 여자.
헬스따위 홋.

대신
패션따위 홋.

퇴근할 땐
가벼움yo ^^

**운동 시작**

검은색 재킷, 검은색 치마,
베이지색 백(도시락 가방),
푸르딩딩 스카프 칭칭 두르고
전혀 어울리지 않는
보라색 아디다스 운동화 신고 출근합니다.

며칠이나 갈까요? 케케…

## 살다보면 알게 될까

곰돌 군, 그리고 애들과 평범한 일요일을 보내다가
오후 5시경 리무진 버스를 타고 공항에 왔다.
8시 비행기로 상하이 출장.
화요일이면 귀국이니 짧긴 하지만…
남편과 애들에게 미안하다.
많이많이 미안하다. 참 많이.

이렇게 사는 게
의미가 있는 걸까?
살다보면 알게될까?

준아, 훈아…
엄마가 열심히
벌어야 너희들 대학
보내지…

곰돌 군… 고마워.

## 미안하다는 말밖에

I am sorry.

I am sorry.

I am sorry…

얼마 전까지만 해도 내가 출근할 때 무척 쿨하던 준이가
요즘엔 매일 아침마다 대성통곡을 한다.
다행히 훈이는 여전히 시크. 얼굴이 시뻘게져서
엉엉 우는 애를 두고 나간다는 건…
참 아픈 일이다. 아침마다 가슴이 찢어진다.

엉엉엉엉…
(엄마 출근하지 마요.)
어흐엉엉우형형…
(엄마 회사 가는 거 싫어요.)
끄엉엉엉엉엉…
(안아주세요.)
앙앙앙앙…        끼잉잉…(미투)

엄마랑
읽고 싶은 책

심란한 마음을 가라앉히기 위해 쌀쌀하기는 하지만
회사까지 걸어왔다. 그래봤자 25분.
준이의 우는 모습이, 우는 소리가,
나를 향한 고사리 같은 손이 아직도 나를 휘감고 있다.
놓으라고 놓으라고 내가 일을 하는 게 누구 때문인 줄 아냐고
아무리 다그치고, 괜찮은 척 아무렇지 않은 척 여느 때와 같이
커피를 마시며 일을 해봐도 뜨거운 뭔가가 목구멍에 걸려 있고
자꾸 눈이 벌게지는 건 어떻게 해야 하나….
육아가 이렇게 고통스러운 일이라고
왜 아무도 알려주지 않았는지 대상도 없는 원망만 는다.

## 준이야 안아줄게

우리 귀여운 준이 이리로 와봐.
아침마다 자꾸 울고 그러면 안 돼…
엄마가 회사 가는 거잖아.
준이랑 훈이 먹을 맘마도 사고
예쁜 옷이랑 책이랑
장난감도 사주려고 그러는 거야.
알지? 왜 대답이 없어?
아 참, 말 못하지….

저녁에 들어가 보니 준이가 너무 풀이 죽어 있어 걱정이다.
이모님이 뭐라고 하신 건지 알 수 없다.
매일 설명하고 안아주고 다독거리면 나아질까….

다들 그런 시기가 있는데 곧 지나간다,
엄마 출근하면 또 잘 논다고 조언을 많이 하시는데,
그렇겠지 물론. 우리 준이도 최근까지는 그 정도였다.
그런데 갑자기 월요일부터 정말 심하게 대성통곡을 하며
난동 수준인 데다 내가 출근한 후에도
진정이 되기까지 한참 걸리고 그 후에도 생각이 나는지
안방에 가서 혼자 운다고 한다.
어제 시어머님이 출동하셔서 같이 계셔주셨지만
오늘 아침 역시 한바탕 전쟁.
결국 이모님이 준이를 업고 복도를 서성대실 때
가방 들고 캐리어 끌고 도망치듯 출근했다.
저녁 비행기로 출장이다.
아이들과 주 2일 놀아주는 것도 턱없이 부족한데
일요일 새벽에 귀국이라 그것마저 반 토막.
정신은 하나도 없고
내가 도대체 뭐 하는 인간인가 싶어
또 마음이 눅눅한 하루다.

## Missed mommy?

Oh, you guys…
Did you have a good day or what?
Who missed mommy?
No pushing and fighting,
all right?

애들이 알아들음?
뭐래?

애들이 뭐라고 하냐면…
준이는 "개근개근", 훈이는 "앗타앗타".

## 미안해 미안해

요즘 애들을 보는 시간은 출근 전이 유일하다.
오늘 아침에는 출근하려고
가방을 가지고 나왔더니 준이가 빼앗는다.
두 녀석들이 내 무릎 위에 앉아 안 일어난다.
나가지 말란다. 꼭 시위하는 것 같다.
미안해. 엄마가 미안해 정말.

**눈물바다**

아침마다 애들과 놀아주고
책도 읽어주고 출근하는데도
화장을 하려고 하거나
옷 좀 갈아입으려면 아주 난리가 난다.
얼굴에 로션만 발라도
엄마가 지들을 버린다며 운다.
무릎 나온 추리닝에 쌩얼로 출근할 수도 없고….
사는 게 쉽지 않다.

애들아
엄마 머리 좀 빗고…
예의상 기미는 가려야지 않겠니?
협조 좀 어떻게 안 될까?

## 그분의 병

잠이 안 와서 신경과에 가서
약을 또 타와야겠소…
시간 없으니
토요일 오전에…                          아 또요?


소화가 안 되는 것 같소…
남편이 준 약을 먹으니 좀 낫소.          네.


소변을 봐도
시원하지가 않은 게
무슨 문제가 있나 모르겠소…              저런…


이가 아픈데 못 참겠소.
병원에 가게 회사에 갔다가
낮에 잠깐 오면 안 되오?                  …

아프신 게 이모님 잘못은 아니겠지만
어떻게 이렇게 자주 아프시고 컨디션이 안 좋으실 수가….

힘들구나. 사는 게. 애들 키우는 게.
나 좋자고 회사 다니는 것도 아니건만
남의 손에 애들을 맡기고 그분의 눈치를 살피느라
내 집에서도 편히 쉴 수가 없다.
환하게 만개한 봄 꽃길을 걸으면서도
내 마음은 아직 겨울이다.

## 해고 전문가

대부분의 사람들은 둥글둥글한 외모의 곰돌 군을 만나면
"사람 좋아 보인다", "남편이 잘해주겠다",
"마누라한테 잡혀 살 것 같다" 등의 코멘트를 날리지만…
사실은 매우 무서운 남자. 이모님 해고 전문.

살이 쪄서 티가 안 나지만
눈은 좀 큰 편임 but
살짝 처져서 괜히
착해보임.

라운드
에브리웨얼:
몸뚱이에
직선이나 에지 따위
없음(what is 턱선?)

마누라에게 잡혀살긴 개뿔…

멍멍

4대 이모님은 오늘 아침 7시 반도 안 되어 집에 가셨다.
나쁜 분은 아니셨지만…
3개월 반 동안 솔직히 참 많이 힘들었다.
남편과 많은 고민과 대화 끝에
우리와는 인연이 아니라고 판단했으나
자꾸 이모님이 바뀌는 것에 대해서는
애들에게 무척 미안할 따름이다.

## 내 사랑 이모님 컴백

그렇게 그리워하던 초대 이모님 컴백!
하지만 아드님 결혼식 때문에
다음 달엔 열흘 정도 중국에 가셔야 해서 걱정이지만
당장 너무 급해서…
11월에 떠나셨는데 애들이 기억할까 싶었지만
의외로 잘 적응할 것 같은 예감. 아 다행이다.

괜히 딴청
피우지만 근처를
서성대는 큰 놈.
이래놓고 밤에 이모님
옆에서 응가함.

바로 안기고
아양떠는 작은 놈.
살겠다는 의지가
강하다. 둘째라
그런가...

먼산

우리의
희망
오리지널
이모님

이모님께서 다음 달 출국하시는 것 때문에
미안해하시며 선뜻 오겠다는 말씀을 못 하시길래
저희가 덥석 잡았습니다. 그냥 매달리는 거죠.
이젠 자존심이고 뭐고 없어요(아… 원래도 없었지).

**따뜻한 점심**

애들 낳고 나니까
진짜 백화점 갈 시간도 없고…
출장 갈 때 제일 미안…

애가 곧 초등학교
갈 텐데 그때가 바로
직장맘의 위기라고.

그래도 많이 키워놔서 좋겠…
우리 애들은
언제 유치원을 보내나….

아 맞다
아이챌린지 추천….

전 직장 동료에게 몇 년 만에
불쑥 이메일을 보내 점심을 제안했는데 뭐여 이 인간?
이러지 않고 쿨하게 나와주어
사무실 근처 일식집에서 폭풍 수다 감행.
먹느라 말하느라 웃느라 바빴….

초밥정식 만오천원 굿

## 뽀뽀

신생아의 입에 뽀뽀를 했다가
아기가 감염되어 사망한 사례가 있었다는
무시무시한 얘기를 듣고 무서워서
애들 돌 때까지 뽀뽀를 안 했더니…

엄마 뽀뽀~
뽀뽀해줘~

도리도리

앗타앗타
(책 읽어주섬)

뽀뽀해달라고 하면 애들이 무척 비싸게 군다.
지들 기분 좋을 때만 해주는데 방식은,
입을 크게 벌린 후
엄마 얼굴에 침을 한 바가지 묻힘.

근데 기절할 만큼 행복함! 꺄울!

## 몸의 나이

옷을 입은 상태에서는 별문제가 없어 보이지만
벗고 보면 여러모로 문제가 많음을 알 수 있는 마이보디.
물론 서른여덟 늦은 나이에 출산을 했고
쌍둥이를 낳았으니 몸뚱이가 멀쩡하길 기대하면
안 되는 거지만 16개월이나 지났는데
임신선이 여전히 남아 있고 물컹 뱃살,
그리고 흉하게 살이 튼 엉덩이.

나머지 몸은
앙상한 겨울 나뭇가지처럼 말랐는데
뱃살은 왜 호빵처럼 말랑한 거냐고.
꼬챙이에 도넛을 끼워놓은 거 같…

비키니를 입을 것도
아니면서 말이 많죠. 네네.

복구되기를
포기하면 마음 편할까

소프트

차라리
전체적으로
통통하면 좋겠어

264

나도 안다.
임신 전에 입던 옷들이 맞는다는
사실만으로도 감사해야 한다는 것을.
그런데 요즘엔 사이즈는 맞아도
못 입는 옷들이 자꾸 생긴다.
특별히 유행 타는 옷들도 아닌데
미묘하게 안 어울려 보이는….
나이를 너무 의식하긴 싫지만
어떻게 하냐고요,
매일 거울을 보며 사는 것을.

애니웨이. 비루한 몸이지만
애들을 낳은 '엄마'의 보디가 아닌가.
자랑스러워하자. 사랑해주자.
로션 열심히 바르면 나아질지도 몰라.
음… 아닌가?

**내가 원하는 토요일**

출장 중에는 늘 가방이 너무 무겁다.
몸에 지니고 있지 않으면 안 되는 것들이 너무 많아…

컴퓨터
카메라
자료집
안경
명함집
치약칫솔

휴대폰 여권
충전기
가끔은 녹음기
선물

화장품
다이어리

이래서 사람들이 자꾸 무슨 운동하냐고 물어보나….

여행용 캐리어도 번쩍

어제 첫 비행기로 상하이에 왔음.
하루 종일 바빴고 새벽 1시에 풀려나서
네 시간 잤더니 해롱해롱.
커피 따위로는 해결이 안 되는 수준이다.
오늘은 몇 시에 끝날까?
상하이의 스카이라인이 휘황찬란하다.
근데 이런 거 다 필요 없고
그냥 집에서 애들이랑 곰돌 군이랑 지지고 볶는
평범한 토요일이면 좋겠다.

**밥심**

직장 생활 18년 차. 회사도 정글이지만
특히 출장은 거의 전쟁터에
뛰어드는 일이라고 생각하면 맞다.

이 세상에 편하고 순조롭고
일정 변경 전혀 없는 출장이란
애초부터 존재하지 않는다고 생각하면
그럭저럭 버틸 만하다.

키포인트 : 전쟁터에서 살아남기 위해 가장 중요한 것은
아침을 든든히 먹기.

**엄마 금방 갈게**

아니, 마덜!
주말인데 저희랑
놀아주셔야지 출장이라뇨?
전 반대하지
말입니다!

버럭

저기요 브라덜...
마덜한테 잘 보이면
우리 군대 안 갈수도
있다니까 참다운.
기댈 언덕은
엄마 뿐인지도 몰라..

살살해
살살

Dear 마이 칠드런.
엄마 행사 하나 빡시게 뛰고 금방
날라 갈게. 엄마가 회사에서 롱런해야
니들 대학 간다, 알았지?
사랑한다 원수들아.
P.S. 콩돌 군도 사랑해.

**왕 뽀루지**

새벽 1시에 귀국해서 버스를 타고 택시를 타고
집에 와 3시쯤 잤다가 6시 반에 큰놈 옹알대는 소리에 깨서
한 시간 놀아주고 샤워하고 출근했음.
턱에 'king of the 뽀루지'님이 등장하시어
한층 아름다운 내 모습이로군요. 아 피곤해 뒤지겠….

**다크서클**

야근하고 집에 들어가면 허겁지겁 먹고
샤워하고 쓰러져 자기 바쁘다.
애들은 당연히 자고 있다.
다음 주면 이모님께서 중국에 가시는데
대타는 언제 찾아봐야 할지…
짬이 안 난다 짬이.

**이런 날도 있다**

요즘 애들이 잘 안 자고 떼를 쓰며
이모님을 힘들게 하길래
혼자 재우시기 힘드실까봐
7시 50분경 초스피드로
짧은 다리 총총총 집에 와보니…

그리하여 평화롭고 여유만만한 금요일 저녁을
맞게 되었다는 얘기. 평범한 사람들처럼 밥도 천천히 먹고
릴렉스하게 인터넷 뱅킹 할 거 다 쏴주고
심지어…(이게 하이라이트)
욕조에 물 받아놓고 목욕도 했습니다!!

애를 낳고 두 번째로 욕조 목욕!

도대체
여행을 가라는 거여
말라는 거여…

표정은
덤덤하지만
매우
행복한 상태

습기 자욱

보통아저씨의
"The Art of
Travel"

Thanks to : 효자 아들들

**소질**

팔 걷어붙이고 출장 짐 싸고 있는데
타 부서 과장님이 물끄러미 쳐다보시다가
"넌 회사 그만두면 이삿짐센터 차려도 되겠다. 소질 있어…."

꼼꼼하게 잘 싼다…

뽁뽁이랑 칼이랑
테이프만 주심
뭐든 안전하게 싸드림돠.

결국 또
버스 타서
울었음

## 출장이라는 이름의 죄

주말 내내 애들과 붙어 있다가
오후 5시 옷 갈아입고 여행 가방을 들고
집을 나서니 준이가 자지러지게 운다.
멀쩡하던 훈이도 뭔가 이상하다 생각이 들었는지
갑자기 울기 시작.
현관문을 닫고 엘리베이터를 기다리는데
계속 들리는 울음소리.

나는 지금 도대체
애들에게 무슨 짓을 하는 걸까….

점점
움츠러든다.
더 잘할 수 있지만
못한 건 아니까
당당할 수가 없어…
하지만 workaholic은
되고 싶지 않아.
이미 충분히 바쁜 걸.

## 의기소침

출장 마무리하랴 밀린 일하랴
정신줄을 겨우겨우 부여잡고 있는 상황인데
뭔가 보고하러 들어갔다가 일을 성의 없이 했다, 라는
지적을 받고 잠시 의기소침 모드.
매일 야근을 하고 주말에도 일하라는 건지…
비도 오는데 울컥.

요즘 능력의 한계를 느낀다.
난 대단하지도 않고 그냥 평범한 사람일 뿐인데
너무 많은 일을 안고 있다는 생각이 든다.
결정권도 힘도 없는 과장인데
업무량은 넘쳐나고 책임은 잔뜩 지고 있다.
내가 뭐 성공한 커리어우먼도 아니고
이렇게 일에 치여 살아야 하나.

12월이라 그런가 왠지 마음이 바빠…
할 일은 많고 정리는 안 되는데
다음 주엔 출장…
왜 이렇게 마음이 스산할까….

어릴 땐 위에서 시키는 일만
열심히 하면 칭찬을 받았다.
그러다가 서른이 되고 마흔이 되고 과장을 달았다.
이제는 위에서 시키는 일도 해야 하고
옆에서 요청하는 일도 해야 하고
내가 맡은 일도 진행해야 한다.
더 이상 아무도 칭찬하지 않는다.

## 의기충천

어제는 우울했지만
투데이 윌비 베러 because.

저로 말할 것 같으면 오늘은 준비된 여자임.
간, 쓸개, 자존심 인 더 하우스~ 오 예~~
다 놔두고 왔기 때문에 누가 뭐래도 괜찮음yo.

메모리가 달려
메모리가…

32 GB

## USB가 되고 싶다

요즘 드는 생각.

내 머리가 USB라면 얼마나 좋을까.
자료며 수치며 예산이며 기안이며 사람 이름 소속
전공이며 얼굴까지 워드와 엑셀과 파워포인트로 머릿속에
차곡차곡 있어서 바로바로 찾을 수 있다면
회의 중에 답변 대신 멍한 표정을 하는 일은 없을 텐데.

필사적으로 메모를 하고 있다.
다이어리와 수첩과 포스트잇은 필수.
부엌에도 작은 공책 하나와 수첩이 있고
안방 화장실에도 볼펜이 있다.

## 가수면 상태

어제도 역시 제대로 못 잤는데
아침부터 외부 손님들이 오셔서
회의에 배석하고 기록해야 했다.

졸린 정도가 아니라 눈꺼풀이
지들 맘대로 눈을 찍어 내렸다.
몸에서 탈출하려는 영혼을 막을 수가 없었⋯
이제 와서 회의록 작성이 걱정인 1인.

**인간관계**

어른이 되고 서른을 넘겨
마흔쯤 되면
뭐든지 노련하고
쿨하게 대처할 수 있을 줄 알았는데…

세상에서 가장 힘든 게 인간관계인 것 같다.
나처럼 사회성이 풍부하지도 않고 소심한 데다가
상처도 잘 입는 타입의 인간이라면
혼자 조용히 할 수 있는 직업을 찾았어야 했는데.

## 스트레스 벽

조금씩 높아지고 있어서 다행이다.

균열이 가지 않도록 유지보수도 틈틈이 하면서
견고하게 튼튼하게 쌓아가려고 애쓰고 있다.
…나의 '스트레스 벽'을.

내가 요즘 좀 버거운 모양이다.

마흔이 넘으니 회사에서는 자꾸 허리 역할을 요구하며

이것저것 많이도 시킨다. 지금까지 탈 없이 해온 일도

똑같이 반복하지 말라고 하고, 시키는 것만

할 나이는 아니지 않으냐는 소리를 들어야 한다.

그렇다고 내 마음대로 해볼 수 있는 환경도 아니고

권한도 없으며 모셔야 하는 시어머니가 한둘이 아닌데.

뭐, 그냥 그렇다고요.

집에서 싸온 빵을 씹으며 아침부터 구시렁구시렁.

## 그러게 말입니다

과장님, 결정하셔야
발주 들어갈 텐데요…
요청하신 설치 날짜에
맞추려면
오늘까지는 결정해주셔야…
요새는 인쇄소고 뭐고
주말에는 안 하기 때문에
저희도 어쩔 수가…
아시잖아요….

아, 네네…

그러게 말입니다…

보고드리고
바로 연락드리겠습…

급하게 전화
받다가
안경이 반
벗겨지고
난리

행사가 다음 주 목요일, 금요일이다.

윗분들은 결정을 안 해주시고

나는 결정권과는 거리가 먼 실무자일 뿐이니 이래저래 힘들다.

정신이 하나도 없다.

## 파워 워킹

어제 인쇄물 때문에 좀 지쳤지만 잘 나왔나 확인하고
들어가느라 또 야근. 퇴근길에 어찌나 씩씩대며 걸었던지
평소 25분 걸리는데 20분 만에 집에 도착.
스트레스로 인한 파워워킹인가.

집에 가서 곰돌 군이 마시고 있는
캔 맥주 두 모금을 빼앗아 먹고 나초칩도 두 개 냠냠한 뒤
다음 날 점심 도시락 반찬을 쌌다. 씻고 머리 말리고 코코.
요즘 애들을 보는 시간은 출근 전 30분이 전부다.
이래도 우리 애들이 잘 자라줄까.

**좌절**

스트레스 벽이고 뭐고 한 방에 무너진다.
이 나이에 회사 때려치우면 창업밖에 답이 없는데
사업할 돈도 없으니 도대체 뭘 하고 살아야 애 둘 키우면서
시댁도 이고지고 갈 수 있을까.

살기가 싫구나...

월급 받기 위해
이렇게까지 해야
한다니...
아오 씨양.

## 한의원이 좋은 이유

한의원에 갔다.

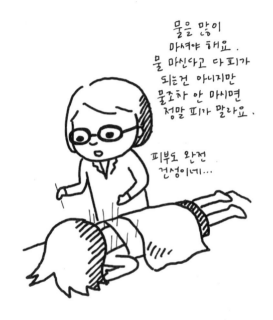

물을 많이
마셔야 해요.
물 마신다고 다 피가
되는건 아니지만
물조차 안 마시면
정말 피가 말라요.

피부도 완전
건성이네...

어깨가 계속 뻐근하니 아프기도 하지만…
물리치료하고 침 맞는 그 시간 동안 누울 수 있어서이기도 했다.
회사에서도 바쁜 데다가 요새는 매일 야근,
집에서도 잘 때 외에는 누워 있을 틈이 없다.
한의원 좁은 침대라도 잠시 누울 수 있으니 그렇게 좋더라.

## 드디어

준비했던 행사가 드디어 시작.

미중관계가
어쩌고저쩌고…

Rebalancing
to Asia…

북핵문제…
6자 회담…

TPP가 말이지…

그래서 한중일
FTA가…

blah
blah
blah…

회의장 설치하고 프로그램북 인쇄하고
연설문 고치다가 행사 시작했으니 이제는 기록기록.
열심히 해서 잘 끝내고 주말에는 애들과 놀아야지 놀아야지.
훈이 준이 보고 싶다 보고 싶다.

## 남편의 위로

곰돌 군과의 카톡. 고지식하지만 좀 착한 내 남편.

"육아는 육아 서적에서 말하는 것처럼
그렇게 쉬운 일도 아니다.
아이에게 전력을 다하고,
실패하면 다시 배우면 된다.
당신의 육아법으로도 언제나 충분하다.
다른 사람의 아이가 아니고,
바로 당신의 아이가 아닌가."

밑줄 그어가며
읽고 있다

## 충분하다

구보타 가요코라는 분이 쓴
〈엄마니까 가르쳐야 할 아이의 기본〉의
에필로그 마지막 문단에서 위로를 받았다.
그렇구나. 충분하구나. 휴.

치아 교정을 시작한 지 6개월 후 결혼 – 최악의 신부

얼마 전 누가 치아 교정에 대해 물어봐서 생각이 났는데
나는 평생 덧니와 치열 콤플렉스에 시달리다가
서른세 살 때 과감히 교정을 시작했다.
네 개나 발치했고 고통스러웠던 데다 3년 넘게 걸렸다.
마덜이 독하다고 했던 게 기억에 남음.

처음엔 정말 입안이 다 헐고 톱니바퀴처럼 혓바늘이 돋았었다.
1년쯤 지나니 슬슬 치아가 가지런해지기 시작하고
발치 공간이 눈에 띄게 줄어들었다. 2주에 한 번씩 병원에 가서
철사를 조이면 하루이틀은 얼얼하고 머리가 아팠다.
성인이 되어 하는 교정이라 확실히 오래 걸리고 힘들었다.
그래도 메이저급 콤플렉스를 벗을 수 있다는 게 기뻤다.
평생 내 자신에게 쓴 가장 큰돈이어서 뭔가 의미가 크기도 했다.

요즘 여러모로 힘들 땐 가끔 예전의
힘들었던 순간을 떠올리기도 한다.
교정할 때 밥도 못 먹었잖아,
아버지 돌아가셨을 때 주저앉고 싶었잖아,
금융위기 때 월급은 반 토막인데 학자금 대출 갚느라 옷도 못 샀잖아,
그때도 버텼잖아, 그랬잖아.

나는 오늘도 버틴다. 잘하는 거 말고 그냥 버티기만 해도,
그걸로 충분하다.

마누라가 이런 얘기 심각하게 하면
대부분 남편들은 립서비스라도 위로해주지 않나요?
곰돌 남편은 이럽니다 :

남편이 운동화 본다고
백화점 가자고 하길래 나가는 중…

전쟁 같은
육아

사랑하는
아이들

육아는 전쟁입니다. 쉬지 않고 사건 사고가 터지고 정신은 나를 탈출한 지 오래며 집은 늘 난장판이지요. 시간이 어떻게 가는지도 모르게 이 전쟁을 치르다보면 어느새 아이들이 불쑥 커 있습니다. 고사리 손으로 엄마 품을 파고들 줄도 알고, 성격과 개성도 보이기 시작하고, 얼굴도 점점 또렷하게 변하지요.

이렇게 한 존재를 온전히 사랑하고 보살피는 사이, 엄마 아빠인 우리도 자라는 것 같습니다. 힘들지만 행복하기도 한 하루하루입니다.

## 이 맛이야

요즘 집에 가면
애들이 얼마나 소리를 지르며 좋아하는지
마치 내가 걸그룹 멤버라도 된 기분.

아무리 힘들어도 이런 맛에 애 키우나보다.

얼마나 도에 지나친 환대인지 괜히 미안하다.
좋으면 너무도 솔직하고 당당하게 좋다고 하는
애들의 순수함이 아름답고 고맙다.

## 엄마 껌딱지

등골이
서늘한 게 누군가
엿보고 있는 것
같군…

ııı

역시나…

빼꼼

샤샥

우아하게 화장대에
앉아 화장하고파요

출근이나 외출을 앞두고 화장실에 들어가
화장을 하고 있으면(화장대는 놈들에게 점령당해 사용 불가)
쌍둥이들이 꼭 이렇게 세트로 기웃기웃.

가만있어 이 놈아
집중해야 한단 말이다

꺅! 신나는
엄마 무릎!

유니클로 히트텍
(파자마스러운)
바지 본품 장난 아님

볼일을 보고 있으면 꼭 둘 중 한 놈이 와서
강아지 눈을 하고 기웃거린다.
결국 놈을 무릎에 앉히면 왠지 무척 기분 좋은 표정이다.
귀염 돋으면서도 약간 애처로운 그놈의 강아지 눈.

그래서 엄마에게 없는 것.
1  프라이버시
2  내 시간
3  탄력 있는 피부

대신 강아지 눈의 애들이 있습니다.
심지어 하는 짓도 대부분 강아지임.

**부전자전**

우리 집은 유전자 검사 같은 거 필요 없습니다.
훈이의 방귀와 준이의 정리벽을 보면
아비가 누구인지가 너무나도 명백해서 말이죠.

마누라!
훈이 응가한 것 같아.
냄새 고약해.

어디?

그게 응가가 아니면
말이 안 된다.
스멜이 고체의 영역임.

안 쌌는데?

아이고 착하다~
응가 했구나아~
참 잘했어요오~

마누라…
나도 응가했어
조금 전에…

칭찬이
중요하댔지

스멜
죽임

기브미
유어
관심

## 큰아들

곰돌 군이 항의합니다.
왜 맨날 애들만 칭찬해주고
남편은 안 예뻐하냐고. 그러는 거 아니라며.

우리 큰아들은 다섯 살…
그러니까… 마흔… 다섯….

309

**보드라운 숨결**

애들이 자면서 하도 이리저리 뒹굴어서
이불을 두세 개 넓게 펴놔야 한다.

자다보면 애가 또르르 굴러와서 내 옆에 착 붙어
콜콜콜 자기도 하는데 보드라운 숨결이 느껴지는 게
정말이지 그 순간 확 행복하다.
나도 모르게 입꼬리가 쏘오옥 올라감yo.

**질투쟁이**

곰돌 군이
내가 엊그제 올린 그림일기를 본 모양이다.

## 디딤돌

갑자기 아빠를 보더니 녀석들이 동시에…

## 곰돌 군의 허세

남자들이 가끔 쓸데없이 하는 행동 : 거울 보며 권투선수 흉내 내기.

**화창한 날씨**

씩씩하게 걸어 출근하는데…
오늘 날씨 정말정말 죽이네요!!
로맨틱의 반대말이 있다면
어울릴 곰돌 군조차 날씨가 너무 좋아서
놀러가고 싶다는 문자를 보내올 정도.

어이쿠야
금방 여름 되겠네…
아가씨들은 이미 썸머 패션…
내일 회사 안 가서
그런지 왠지 해피….

초여름의 상징
7부 소매

of course
오늘도
도시락 장착

면바지

역시나 운동화

## 알뜰 근성

여권 재발급 때문에 대사관에 들렀다가 출근.
대사관이 있는 정동은 내가 좋아하는 동네다.
프란치스코 수도회의 '작은 형제회'라고 쓰인 표지판의
'작은'도 무척 좋고 시립미술관,
덕수궁도 있고 구불구불한 길도 마음에 든다.
일찍 도착했길래 커피숍에 들어가(첫 손님) 오늘의 커피와
스콘을 주문했다. 창가에 앉아 냠냠쩝쩝 10분간 우아하게
혼자만의 아침식사. 좀 행복했음yo.
이제 대사관 문 열었으니 여권 받고 출근해볼까 하는데
뜨겁고 향긋한 커피가 꽤 남은 거다.
아까운 마음에 들고 대사관 갔다가 버스를 탔는데 만원버스.
1/3밖에 커피가 남지 않았지만 혹시나 사람들이
신경쓰여 할까봐 안절부절 못하게 되었다.
버리고 탈 생각을 못한 게 후회스러웠으나
뭐 어쩌겠나. 그래서 가방 안에 세워 넣었다.
컵이 쓰러져도 내 가방만 젖을 테고
양이 많지는 않으니까.

뜨거운 액체를
핸드백에 종이컵으로
운반하는 이상한 아줌마

엉?

문제의
커피
3,000원짜리
coffee of
the day

P.S. 가방이 지퍼가 없는 디자인이라
     컵 뚜껑이 보였는데 옆에 서 있던
     아저씨가 이상하다는듯 쳐다봤음.

P.P.S. 결국 사무실까지 가지고 와서 마저
      다 마셨다. 삼천 원짜리 커피가
      아까워서 들고 버스 타 다리 건너온
      여자. 난 그런 여자.

316

고놈 참 특이하네…
나랑 사이즈가 비슷한
유일한 가족 멤버.
눈을 찌르니까
깜박깜박 하잖아?
완전 신기해….

아 뭐여 또!
심심하면 왜 날 건드려?

눈 콕!

고독을 씹고
싶다 증말.
울까?

## 친해지길 바라

사람에게 관심이 많은 큰놈이 요즘 동생에게 급관심.
문제는 자꾸 작은놈을 귀찮게 해서 결국은 울린다는 것.
어제는 레슬링을 시도하셨다고.

## 상대적인 크기

어제 오후에 키즈카페 방문.

애들이 집에서는 제법 커 보이는데
다른 애들 사이에 있으면 갑자기 너무 작고 여려 보여서 뭉클하다.
아빠 엄마 몰래 애들이 상황에 따라
살짝살짝 크기를 바꾸는 건 아니겠죠 설마.

덩치 큰 형아들이
뛰어다니면 우리 애들
긴장. 무서운가보다.

예쁜 여자애들이
정말 많아 신기하다

집에서는 애들에게
"너희들 이제 아기 아니야. 다 컸어.
한국 나이로 네 살이잖니?"하고 혼내는데….

**세트 개념**

음… 앙앙!
(야, 훈이 너 빨리 와)

우우 아아!
(출출하단 말야)

아침 먹이려고 부스터를 꺼냈더니
준이가 먼저 앉아 안전벨트 스스로 착용하더니
훈이 보고 빨리 앉으란다. 항상 같이 먹여서 그런가
본인들이 세트 개념이라는 것을 파악한 것 같다.

열심히 연습하더니
벨트 혼자 잘 함

## 엄마는 가구가 아닙니다

책 읽는 소파가 된 느낌.
근데 가끔 너무 쾅 앉으면
좀 아프기도…
애들아 엄마는
가구가 아니란다….

애들이 서로 무릎에 앉겠다며 싸울 때가 종종 있다.
아직 체구가 작아 같이 앉으면 되지만
먼저 앉은 놈이 옆으로 밀리지 않겠다고 버티면서 분쟁 시작.
동시에 달려와 서로 먼저 앉으려고 할 땐
마음이 급한지 뒤로 엉덩이부터 들이밀기도 한다.

## 요즘 대화

마누라, 걔 누구더라…
덩치 큰 애 걔 이름 뭐지?
곰 같은 애 있잖아.

포비.

아 맞다. 포비.

애들이 뽀로로의 추종자로 둔갑하면서
이런 대화가 너무나도 자연스럽게 오고 갑니다.
40대 부부의 대화가 참… 오묘하죠 네네.

애들이 크면 우리도 정상적인 대화를 할 수 있게 되겠죠?
요즘은 주로 누가 오늘 잘 먹었는지, 먹다가 뱉었는지,
응가를 했는지, 응가가 부드러웠는지,
똥글똥글 딱딱했는지, 땀띠가 심했는지 이런 얘기를 합니다.

**남편의 생색**

곰돌 군네 회사에는 복지카드 제도가 있는데
매년 7월 1일부로 충전이 됨. 이게 나름 빅 이벤트.

↑
우리 집에서

근데 마누라 있잖아…
복카 깡하는 인간들도 있더라고.
그리고 휴가비도 나처럼
100프로 보고하는 경우가
생각보다 많지 않대.
그냥 그렇다는 얘긴데…
내가 생각해도 나같이 착한 남편 드문 듯.
참고로 블로그 소재 없으면
이걸 사용해도 괜찮아.

조용히
와인 좀
… 마시자
OK?

아니, 그럼 나는?
돈 벌어다 주고 애 낳아주고…

예쁘다 예쁘다 하니까 별…

## 뿌듯한 오후

아직 세수도 못했고
피곤에 찌든 상태이기는 해도

빨래를 뿌듯한
얼굴로 보고 있다.

내사랑
그레이백작
+tea

설탕 2 tsp
피곤할 땐
혈당 UP

오천 원짜리
샀더니
한 시즌만에
다 늘어났음.

낮에는 생활복,
밤에는 잠옷.
멀티기능
추리닝 쇼츠.

애들이 착하게도 거의 동시에 낮잠에 들어줘서
빨래 개어 정리함과 동시에 이불 빨래 돌렸고
얼그레이 한 잔 마시면서 애들 보리차 한 냄비 끓여놨다.
애들 깨면 먹일 쇠고기 이유식도 완료.
잠시 책도 몇 장 들춰보니 어제 일은 벌써 과거다.

## 사랑 고백

곰돌 군은
가정적인 남자이기는 하지만
말로 사랑을
표현하는 것은 싫어한다.

이랬던 그분께서 요새 꽤 자주 사랑을 고백해 오고 있음.

**동화**

오늘 아침.

이모님 힘드시죠···
오늘 집안일 하시지 마세요···
저는 베이징 갔다가
내일 밤에 올게요···

다녀오세요.

커플
다크서클

## 잔 건지 만 건지

가끔 웬일인지 애들이 안 자고 울고 보채며 잠투정을
어마어마하게 할 때가 있는데 어제는 공교롭게도 두 놈 모두 그랬다.
큰놈을 겨우 재웠다 싶으니 작은놈이 깨서 새벽 3시가 넘어 잤다.
나도 죽겠지만 이모님께 정말 죄송스럽다.

요즘은 그래도 애들 키우기가 많이 수월해져서
밤에 깨서 고생시키는 일은 가끔이다.
8시쯤부터 다음 날 아침 6시 반 정도까지 자는 경우가 많아
내 삶도 좋아지는구나 생각하고 있다.
하지만 어제는 좀 심했다. 엄마가 또 출장 간다고
시위하는 건 아닌가 싶은 생각이 들기도 한다.
나도 곰돌 군도 지쳐 쓰러졌지만
가장 고생한 것은 아무래도 이모님이다.
나야 내 새끼니까 야속하고 얄밉다가도
곤히 자는 모습을 보면 예쁘지만,
이모님은 속으로 어떤 생각을 하실지 참….
정말 죄송스럽고 감사하다.

두 시간 반 정도 자고서 일어나 공항에 왔다.
도착하자마자 미팅 일정 빡빡하게 잡아놨던데
눈이 무거워서 큰일이다.
지금은 게이트 앞에서 보스를 기다리고 있다.
몸이 힘드니 면세점 세일이고 나발이고 다 귀찮구나.

## 베이징 호텔에서

처음 묵은 호텔인데 아니 글쎄 희한하게도
화장실 거울로 보면 기가 막히게 흰머리가 잘 보이는 거임.

나도 모르게
흰머리 뽑기 삼매경.
심지어 거울 들고
뒷머리까지.

허헉

팔에 쥐날듯.
그런데 묘하게
중독성이 있어서
계속 뽑게 된다…
흰머리가 왜이리 많노.
ㅜㅜ

저도 모르게 45분간 팔이 아프도록 뽑았답니다.

## 직장인의 점심

이 과장~
11시 반 회의에
배석하라는 지시야.
회의하다가 점심시간 되면
샌드위치 먹으면서
계속 회의하는 일정.

네 알겠습니다.

아침에 에이스크래커 먹었더니 배도 고프고
오늘은 왠지 뜨끈한 국물이 당겼는데 워킹런치.
배석하라면 배석해야죠. 개미 인생 뭐 있음?

## 1인 1생맥

마누라의 일정에 맞추다보면
늘 휴가가 남아도는 곰돌 군.
제발 휴가를 쓰라는 회사의 압박으로
오늘 하루 백수의 삶 체험.

오늘도 야근이라니까 밥 좀 같이 먹자며
마눌의 회사 근처로 와주심.
음식이 나오기도 전에 일단 1인 생맥 1잔.
사무실로 다시 가야 해서 쏘쏘리.

## 호랑이가 된 곰

평소에는 거의 화를 내는 일이 없는 곰돌 군.
주말에 마누라 운전 연습을 시킬 땐 호랑이로 돌변.
어찌나 구박하고 소리 지르는지 정신이 없음yo.

하지만 딱히 반발할 수도 없는 것이… 이해해요.
내가 봐도 난 정말 운전에 소질이 없는 걸 어쩌라는?
(나이 들어서 그런가 온 세상을 이해할 것 같음)

내가 운전대만 잡으면 갑자기 헤게모니가 바뀌는 우리 집.
더럽고 치사한데 왜 운전이 안 느는 걸까요? ㅜㅜ
드라이버리스 카(driverless car)가 곧 나온다니
몇 년만 버티면 좋은 세상이 올지도.

**취조**

오늘 얼마 썼어?
솔직하게 불어.

누굴 만났길래
3만 원이나.

교통비 2100원,
접대비 3만 원.

예전 동료
오랜만에 만나서
점심 샀지.

초밥정식
만오천원이면
괜찮은
거임

신혼 때부터 매일 곰돌 군과
조인트로 가계부를 적고 있다.
곰돌 군이 엑셀로 항목을
하도 세부적으로 구분해놔서
투명성이 심하게 강조되는
다소 부담스러운 시스템이긴 해도
그날 그날의 지출을 돌아보게 되니
좋은 것 같다.
이렇게 살다보면 우리도 언젠가
집이란 걸 살 수 있겠지.

그나저나 요즘은 점심값이 너무 비싸졌다.
5000원짜리는 보기 힘들고 보통 6000~7000원.
물가는 오르는데 월급은… 음….

## 꾸며야 여자

아아아 너무 어색해…
익숙해질 거야… 근데 답답해…
그래도 예쁜 게 좋은 거지…

요즘 조카들이 구슬을 꿰어 팔찌 만드는 데 열광인데
씨스털 님도 옆에서 구경하다가 재미있어 보여
몇 개 만들었다며 수줍게 두 개 선물하고 가심.
"꼭 하고 다녀. 여자는 꾸며야 한다."

재료는 모두 알파문구에서 조달하셨다고.

**야금야금**

선물로 만화책을 받아 도시락을 먹으며 읽기 시작했는데…
옴마나 세상에… 진짜 완전 재미있음!

점심시간에 회의실에 사람들이 있길래
탕비실은 너무 번잡스럽고 해서 옥상으로 올라갔다.
아무도 없고 소용하니 좋더만.
비가 온 뒤라 조금 눅눅하긴 해도
피크닉 하는 기분으로 도시락 냠냠.
1권 마지막 부분을 읽는 중이라 2권도 챙겨가는 센스.

어제 저녁에 이모님께서
잡채를 하시는 바람에 반찬통이 두 개다.
특별한 날이 아니라도 필 받으면
잡채 따위 뚝딱 만드시는 그분.
요리는 일도 아니라는 식이다.
"날도 더운데 쉬고 계시지 뭘 이런 걸 하셨어요?"
"도시락 반찬도 없고 금방 하는데 뭐."

**워킹맘의 최대 난제**

하루 종일 뒤숭숭…
밤에도 잠이 안 오고…
그냥 너무 심란…

좋은 남자
만나는 것보다
더 힘든 게
좋은 이모님
만나는 것
같아요…

이모님이 다음 주말까지만 근무하신다.
그리고 나는 일요일부터 출장이다.
이번 주말에 뽑아야 할 텐데 몇 명이나 면접을 올까?
남자 쌍둥이라고 하면 전화 끊는 분이 또 있으면 어쩌지?

## 평범하지만 험난한 삶

어제가 이모님이 우리 가족과 함께한 마지막 날이다.
점심에 깐풍기와 자장면을 시켜 먹은 후
이모님이 가실 때 우리도 함께 나섰다.
배낭을 메고 양손에 짐을 든 이모님의 작은 체구가
멀어지니 마음 한구석이 저려왔다.

이모님은 우리 애들이 태어난 지 50일 되던 날
배낭을 하나 메고 우리 집에 오셨다.
이모님이 오신 뒤로 나는 산후우울증도 점점 좋아졌고,
새로 결성된 우리 식구는 뭔가 궤도에 오르는 듯한 느낌이었다.
복직을 앞두고 "애들이 백일도 안됐는데 혼자 보실 수 있겠어요?"하고
내가 걱정을 하자 "부딪쳐봐야지 뭐" 쿨하게 한마디 하시더니
정말 씩씩하게 버텨내셨다. 분명히, 힘드셨을 것이다.
내가 다시 직장을 나가 회사 일에 전념할 수 있도록
이모님은 웬만하면 내게 말도 안 하고 혼자 알아서 해주셨다.
솔직히 말하자면, 잠시 왔다 간 친정엄마보다도,
일산에 계시는 시어머니보다도 백 배 이상 든든한 분이었다.
이모님 같은 분을 다시는 못 만날 것 같다.
도대체 내가 어떻게 이모님과 인연이 닿았을까?
하나님께서 "그래 너 기댈 데도 없고 고생 많지,
괜찮은 분 보내줄 테니 잘해봐", 하셨나보다.
출산 전부터 하도 좋은 이모님 구하게 해달라고
기도를 하니까 봐주셨나보다. 그랬나보다.

애니웨이, Back to reality.

일요일 저녁이다.

아직 새로운 분을 구하지 못했다.

어제도 면접을 보고 오늘도 한 분 왔다 갔지만

마음에 드는 사람이 없다.

주위에 식구도 지인도 없는 상황에서

애 둘을 모르는 사람한테 맡겨야 하는데

아무나 구할 수도 없는 노릇이고….

그렇다고 내가 까다롭게 구는 것도 아니다.

쌍둥이라고 일단 면접 오는 사람도 별로 없다.

어떻게 해야 하나 난감하다. 멘붕이다.

결국 이모님께 전화를 드려 하루 이틀만 더 있어주시면

면접을 더 봐서 사람을 뽑겠다고 했더니 그러라고 하신다.

"상황이 이런데 어쩌겠나?" 한마디 하시고 끝.

내일 아침 일찍 오신다고 했다.

정말 감사하고 또 감사하다.

곰돌 군이 출근했다가 회사에 얘기를 하고

집에 와 면접을 보기로 했다. 나도 집에 있고 싶지만

회사에 중요한 일이 있어서 못 그럴 것 같다.


아, 힘들다.

애 키우면서 평범하게 사는 게 뭐 이리 험난하냐.

## 어린이집,
## 저도 보내고 싶지요

최근의 사태에 대해 블로그에 올린 그림일기를 보고
많은 블로그 이웃 분들이 애정 어린 조언을 해주셨다.
특히 이런 상황에서 애들을 왜 어린이집에 안 보내느냐고
물어보시는 분이 꽤 많았다.

로빈순 (maryloe143
4)

"이모님이 정말 '이모'셨네요.
덕분에 쌍둥이들 건강하게 잘 컸으니
이제는 어린이집에 보내는 것도 가능할 거예요."

"어린이집 추천이요. 우리 아이도 처음 한 달은
분리 불안 때문에 울었지만 지금은 아주 좋아한답니다.
집에서 맨날 똑같은 장난감에
TV로 뽀로로 보여주는 것보다 훨씬 좋은 것 같아요.
국공립은 대기가 오래 걸리니
우선 가정식 어린이집 한번 알아보세요."

"저도 복직 때문에 아이 15개월에 어린이집으로 보냈는데,
다양한 프로그램이 있어서 재미있어하고
친구들도 많아서 좋아하더라고요.
길은 항상 있으니 너무 고민하지 마세요."

아직도 대기?
이러다가 애들
바로 유치원 가는 거
아녀?

따뜻한 조언 감사합니다.
저도 보내고 싶습니다, 어린이집.
그런데 저희 동네에 어린이집이 별로 없어요.
구립 뭐 이런 데는 엄청 멀고요.
사립이지만 가까운 곳에 대기 올려놨습니다.
그런데 대기가 잘 안 풀리네요.
한번 찾아갔더니 원장님께서 우리 애들
아직 너무 어리다는 말씀만 하시고….
4세반, 5세반 딱 두 반 있는 어린이집이거든요.
게다가 어차피 저희 집은 아빠 엄마 둘 다
늦게 오는 경우가 많아서 어린이집을 보내건
유치원을 보내건 학교를 보내건 입주 도우미가 필요해요.
제가 툭하면 야근, 출장이어서
출퇴근 베이비시터로는 안 되고
입주해서 애들 봐주실 분이 필요합니다.

아 아아아 응응 아!!
까아아아 까!
우우 아아아아아!!!

...

## 어마어마한 떼

요즘 훈이는 떼가 어마어마해서 감당이 안 된다.
마음에 안 들면 소리를 지르면서
발차기 주먹 휘두르기 몸 활처럼 휘기 등을 하며
짜증을 내는데 도대체 뭘 어떻게 해야 하는지 알 수가 없다.
가끔은 별 이유가 없어 보이는데도 그런다.
훈아… 말을 해, 말을….

## 이미지 관리

난 이제 다시 태어나는 거야
착한 준이로…

아직 뭘 모르는
그분

새로 오신 이모님 근무 3일째.
준이가 갑자기 한 번도 안 깨고 잘 자고 밥도 잘 먹고
칭얼대지도 않아 이모님께서 "점잖다" "착하다"고 칭찬하심.
사람이 바뀌니 이미지 변신을 시도하는 걸까?
그동안 한결같이 순하다는 평을 받아왔던 훈이는
갑자기 떼가 늘어 이미지 관리 실패.

## 세미 애교

내가 원래 애교 없기로 유명한 여자인데
(연애 시절 곰돌 군에게 공식적으로 항의받은 경력이 있음)
힘들어하는 이모님을 위해 아침 댓바람부터
애교…는 아니고 세미 애교. 나름 애교.

이모님…
그만하면 애들 잘 먹이시는 거예요.
너무 걱정 마시고요…
내일은 토요일~~
파이팅하세요~~

착한 표정

미소

살기
힘들다

## 어마어마한 떼×2

요즘은 솔직히 가끔 내가 낳은 녀석들이 무섭다.
둘이 같이 울며불며 떼를 쓰고 짜증을 내면
도대체 내가 뭘 해야 하는 건지 머릿속이 하얗다.

까아악 우헝헝헝!!
으아앙 으아아앙!!
아아아아악!!!

와아아아아앙!!
으헝헝헝헝…
까아아악 으아악!!!
꺽꺽 와아아악!!

**힘든 얘기**

이모님…
제가 그러니까 회사에서
맡고 있는 업무가
국내보다는 주로 해외…
그래서 가끔 출장이…
그러니까 그게
이번 주 수요일부터 출장…

어제 저녁.
이모님께 이번 주에 출장을 간다고 말씀드리는데
어찌나 내 자신이 죄인 같던지….
쌍둥이 낳고 뻔뻔하게 직장 다니는 죄인입니다.

애들 대학까지 보내려면 그래도 열심히 뛰어야 한다.
다른 건 몰라도 애들 학비는 대줄 거다.
대출 받고 알바 뛰어 대학 나오니 스물네 살.
그 나이에 빚 걱정하느라 모험을 못 하겠더라.
전공을 살리고 싶었지만 영어학원 강사가 된 이유도
경제적인 문제가 가장 컸다.
우리 애들은 조금은 더 자유롭게
꿈이라는 걸 추구했으면 좋겠다. 그게 뭐가 되었든.

**네가 읽어라**

애들이 말이 느린 것 같아
교구 포스터를 거실 벽에 붙여놨더니…

그 앞에 척하니 서서는 선생님처럼 하나씩 가리키면
엄마나 아빠가 해당 단어를 읽어야 함.
빨리 안 읽으면 혼나고 아는 단어일 경우
틀리면 지적질까지 하심.
그러면서 지들이 말을 따라 할 생각은 안 하네요.
20개월인데 쩝.

## 발성 연습

아아아…
ㅇ ㅇ ㅇ ㅇ…
ㅇ ㅇ ㅇ…

음맘마…
아아아아…
우우…
ㅇ ㅇ ㅇ…

(묵묵)

훈이는 자주 이렇게 발성 연습인지
발음 연습을 하고 있고 어른들이 말하는 걸
따라 하려는 시도를 한다.
하지만 준이는 입 꼭 닫고 절대 안 함.

갈락갈라깔락…
검껌검껌…

끌로꼴룩골룩…
아웅오응우…

검껌껌 후우우…

말해보라면 못 들은 척하다가 혼자서 옹알대며 노는 건 뭔지.
어른들에게 들키기 싫은가?

## 아기 변기

배변 훈련은 천천히 시작할 계획이라
우선 익숙해지고 친해지라는 차원에서
아기 변기를 구입.

어제 배송되었길래 거실에 놔뒀더니
쌍둥이 놈들이 아침에 눈 뜨자마자 그걸 가지고 싸우기 시작.
특히 안쪽에 들어 있는 쉬와 응가를 받는 통을
서로 차지하겠다며 난리다.

어찌나 어이가 없던지.
나중에 애들이 커서 어른인 척 거만 떨 때
꼭 이 상황을 얘기해줘야겠어요.
여자 친구를 집에 데리고 왔을 때도
적절한 대화 소재가 되겠군요.

## 여름아 빨리 가라

여름이 빨리 가야 하는 이유 :

원래 6시 반까지는 자주던 녀석들이
6시면 일어나고 가끔 5시에도 일어난다.
출근 준비를 하기도 전에
한 시간 넘게 책 읽어주고 놀아주다보니
하루가 무척 길게 느껴진다.

가만히 보면 훈이는
그냥 애 같은데
준이는 하는 짓이
애 같지가 않아요.
떼쓸 때도 다 알면서
어떻게 하나 보려고 그런다니까.
어른들 말 싹 다 알아듣는 게
말할 줄 알면서
안 하는 거라니까…

음… 가끔은
제가 봐도…

힘들어요
힘들어

## 불안해요

뉴 이모님께서 며칠간 관찰한 바에 따르면
눈빛이며 반응이 예사롭지 않은 게
준이는 이미 애가 아니라고. 그래도 저녁마다 힘들다는
말씀만 하시지는 않으셨으면 좋겠다. 불안해요….

## 뽀뽀 거부권

출장을 간다는 것은 죄를 짓는 것과 같습니다.

베이징 출장 이후로 훈이가 엄마에게
뽀뽀하기를 거부하고 있음.
애교를 떨며 "엄마 뽀뽀~~" 해도 안 해준다.
심지어 엄마 입을 손으로 차단하는 매서운 그분.
혼나는 기분이에요. 흑.

훈아,
엄마 어디에 있니?

음마!

끙

마덜 굴욕

## 엄마 굴욕 사건

훈이가 '까까', '까꿍'에 이어
'엄마'를 말하게 되어 매우 기쁘기는 한데
엄마 어디에 있느냐고 물었더니
바로 옆에 앉아 있는 진짜 엄마를 생까고
작년에 찍은 가족사진의 엄마를 가리킴.
포샵된 엄마. -_-

## 아빠 강동원 사건

미용실 잡지 광고 속
강동원을 훈이가 가리키더니

이발을 하고 있던 곰돌 군이 완전 좋아하며
비슷한 거 맞다고 했더니 미용사 보조가 수줍게
"아버님… 여기는 오픈된 공간이에요…"라고.

곰돌 군이 나중에 집에 와서도
계속 강동원과 크게 차이 없다고 주장.
"걔도 사무직이라 하루 종일 앉아 있고 야근하고 술 마셔봐.
나랑 똑같아져. 나도 옛날엔 그렇게 생겼었다고. 흥."
"그래? 사무직이고 야근하면 머리도 커져?"
"당연하지!"

## 어린이집 느낌

어제 오후 동네 이웃집 놀러감.

어른 넷에 애들 넷인데 두 집 모두 아들 쌍둥이.
남자애들 넷이 사방팔방으로
장난감 들고 밀고 끌고 왔다갔다…
어린이집 선생님들께 존경심이….

이웃집 애들은 우리 애들보다 생일이
몇 달 빠르기도 하지만 말도 잘하고 응가도
아기 변기에 할 줄 알고 무척 의젓해서 놀라웠다.
심지어 손님들에게 먹을 걸 권할 줄도 알더라.
오오오~.
버뜨, 그 집 애들에 비교해봤을 때
우리 애들은 반 짐승과 같았다고나 할까.
막 울고 벌렁 누워 떼쓰고
빵을 권하니 빼앗길까봐
한입에 구겨 넣고 아귀아귀 먹다가
배가 불렀던지 응가 푸짐하게 한 뒤
바지도 입히기 전에 놀겠다며 도망가고 침 흘리고….
오 마이 갓.

내 친구가 쌍둥이를 보는데
월 220을 받아요…
물론 신생아 때 들어가서
둘 다 데리고 자기는 했지만…
얘기 들어보니 쌍둥이 집들은
일주일에 두 번씩 파출부 불러준다던데
이 집은 그런 것도 없고
애들도 어린이집도 안 가고…
엄마 출장 갔을 때 애들이 더 힘들게 했어…
10만 원 올려주면
힘들어도 할 수 있겠는데…
이 집 그 정도는 줄 수 있을 것 같은데….

**돈 얘기**

이모님 첫 월급 드린 지 3일 되었다.
오신지 일주일도 안 되어서부터 돈 얘기를 하시더니
급기야는 월급 인상 요구. 겨우 한 달 되었는데….

저녁마다 이모님 눈치 보고
집에서는 밥도 못 얻어먹는 처지에다가
일요일이면 청소하고 빨래 싹 돌리고
이모님 오시기 전에 설거지 다 하고
음식물 쓰레기까지 버린다.
더 이상 내가 노력한다고 어떤 의미가 있을까.
나도 참는 데 한계가 있다.
10만 원을 더 주고 말고보다는
어떻게 한 달 만에 저럴까 하는 것과
'그 정도는 줄 수 있을 것 같다'라는 멘트의
황당함이 기가 막힌다.
또 월급 얘기를 꺼내시면 정리할까 심각하게 고민 중.
난 성격상 트러블이 싫어서
그냥 참고 이해가 안 가는 부분이 있어도 맞추는데
어느 순간 '아 이제 그만'이라고 생각되면
과감하고 매섭게 털어버린다.
연애할 때도 한 번도 안 싸우다가
한 방에 판 뒤집어 헤어진 적 많음.
아프고 힘들어도 뒤돌아보지 않는다.

**당이 떨어진다**

세미나가 5시 반부터라고 해서
일하다 말고 회의실로 올라왔는데…

세상에나, 갑자기 배가 너무너무 고프고
손이 벌벌 떨려 다짜고짜
초코칩 쿠키부터 두 개 흡입해줌.
저혈압이라 그런지 당이 떨어지면
손이 떨려서 민망하다.
누가 보면 알코올중독자인 줄 오해할 수도.

## 낯설다 이런 엄마

어제, 평일 저녁으로는 정말 오랜만에
애들이 깨어 있을 때 귀가.

현관문을 열고 들어가니까 거실에서
애들이 신 나게 놀고 있었는데 나를 보더니
잠시 멈추어 멍하니 바라봄.
분명 그것은 당황하는 기색이었다.
몇 초 후 슬금슬금 모여들기는 했지만.

375

## 불타고 있다

연 2회
내가 가장 고통스러워하는 기간이다.

헬의 정점은 출장인데 그게 내일부터임.
아직 다 준비 못 했고 할 건 많은데 정신이 하나도 없네.
발등에 떨어진 불이 몇 개인지….

**프로의 조치**

출장 중 남편과 카톡으로
애들 잘 있나 확인 중에…

이모님 어제 보냈어.

보내다니?

아예 보냈어.

헉…

대신 오리지널 이모님 연락.
오래 못 계셔도
일단은 오실 수 있으시대서
일요일부터
출근하는 걸로 결정.
내가 다 알아서 조치했다.
돈 워리.

아…

누가
엄마지?

남편에게 내조를 해주기는 커녕
요즘은 곰돌 군의 도움으로
겨우 버티고 있는 현실이다.
고맙고 미안하고…
근데 웬만하면 마누라는 자르지 마.

## 가정적인 아빠

사골을 고아서
애들 좀 먹여야겠어…
다른 집들 보니까
사골국을 많이들 먹이더라고….
참, 장조림도 하려면
메추리알부터 삶아야지…
저녁엔 생선도 구울까?

…와인 마실래?

우리 집 곰돌 군은 가정적이고 자상한 편이라
육아에도 적극적으로 동참한다.
다 좋은데 가끔 의욕이 심하게 넘쳐서
누가 엄마인지 헷갈리기도.

**아빠가 낫네**

지난 주말에 애들을 데리고
결혼식에 가려는데 입힐 옷이 마땅한 게 없었다.
최근에 추리닝 위주로 사준 거 외에
뭘 안 사줘서… 없어 보인다 싶었는지
곰돌 군이 퇴근길에
바지와 카디건을 두 벌씩 사왔다.
엄마보다 아빠가 낫네.

이거 하나랑
이거 하나…
카디건은 없나요?

애들이
몇 개월인가요?

보기보다
세심하고
옷도 잘 고른다

꼼꼼한
남자
곰돌군

길을 가다가 우리 애들 또래의 아이를 데리고
걸어가는 엄마를 보면 나는 왠지 쑥스러워서
소심하게 살짝 웃기만 하고 지나치는데,
곰돌 군은 아줌마스럽게 스윽 다가가서
"몇 개월이에요?" 말을 건다.
마트에서 반짝 세일할 때 뛰어가
아줌마들과 경쟁하는 것도 곰돌 군.
"어휴, 아줌마들이 엉덩이로 밀고
팔꿈치로 밀고 장난 아니야!" 이러면서도 꼭 득템함.

남편의 컴플레인 : 우리 마누라는 아줌마 근성이 없다.

### 그의 프러포즈

어찌어찌 하다보니 결혼하기로 해놓고
프러포즈를 못 받아 결국 결혼식 일주일 전에…

날짜와 시간을 결정, 통보해
곰돌 군에게 겨우 프러포즈를 받아냈다.
별 기대 없었는데 나름 풍선에 꽃에
목걸이도 준비했길래 결혼해줌.

아침부터 곰돌 군이 오늘 저녁에 시간 되냐고
자꾸 묻길래 왜 그러나 했더니
오마나! 오늘이 결혼기념일이여!
7년이라는 세월이 벌써 흘렀네.

## 소박한 결혼 기념

어제 저녁, 결혼 7주년을 맞아
곰돌 군과 참치횟집 고고.
선물은 둘 다 아무 말 없이 생략하고
식사 직전 카드 맞교환.

앞으로도
잘 버텨보자고.
수고 많아.

엄청 바쁜
와중에 직접
제작한 카드야.
파는거랑은 달라.

참치회를 부위별로
파이팅 넘치게 짭짭하면서 청하도 한 병.
평소와 같이 술은 6:4 비율로 마십니다.
왠지 이 집은 마누라가 6.

둘 다 주량은 대단하지 않아서
청하 한 병을 나누어 마시면 딱 좋습니다.
소주는 독하고 맥주는 배불러요.
청하 한 병이면 약간의 알딸딸함이 흥겹지만
과한 정도의 흥은 아니라서 주책을 지양하는
40대에 적당하고 다음 날 머리 아픈 것도 없으니
더 이상 뭘 바람?
어쨌거나 남편이 있다는 것은
평생 함께할 친구가 있다는 뜻이므로 참 좋다.

결혼 안 하신 분들,
혹은 해? 말아? 그냥 혼자 살아?
고민 중이신 분들께 결혼 추천.
강추까지는 아니더라도 해볼 만합니다.

## 고통의 초코칩

이러쿵저러쿵해서
낮에 커피숍에 갈 일이…
맛있어 보여서 샀지만
살찔 것 같아서 먹기가…

이건 뭐여?
웬 수입 초코칩 쿠키?

흑.
마누라가 회사에
가져가서 나 안 보는 데서
먹어줘.

비싸보여…

진짜
힘들다고!

부탁이라는데 어쩌겠어요.
곰돌 군에게 먹고 싶은 간식이 아른거린다는 것은
고통이라는 걸 알기에.
마흔이 넘었어도 유혹에 약한 남자 – 내 남편.

밥 먹을래?
이모님이
된장찌개
끓여놓으셨어.

오후에
누가 떡을 돌려서
그거 먹었으니
저녁 스킵.

어쩌다
보니
아래위
모두
줄무늬

히트텍

똥똥배

## 양이 적은 남자

세상에 우리 곰돌 군처럼 툭하면
저녁을 안 먹는 남자는 처음 봤다.
살찐다며 밥도 반 공기 먹는데 왜 살이 찔까요?
나중에 몰래 군것질을 하기 때문.

그래서 나 혼자 저녁밥을 먹었는데 아침에 일어나보니
곰탱이가 밤에 뭔가 또 먹고 잔 흔적이….
저러고서 맨날 자기는 양이 적은 남자라고.

지갑에 넣고 다녀.
진짜 많은 여자들이
달라고 했지만 뿌리치고
마누라만 주는거야.

홀쭉한
젊은 날의
곰돌군
증명사진

## 그의 20대

결혼 직후 어느날 곰돌 군이 금덩이라도 건네듯
본인의 20대 때 증명사진을 불쑥 내밀었다.

서른하나, 서른여섯에 만났기 때문에
서로의 20대 시절은 모르는데
아마도 본인의 날씬했던 모습을 보여주고 싶었나보다.
턱선이 살아 있고 눈매가 약간은 날카로운 사진이
좀 어색하지만 지시받은 대로
지갑에 고이 모시고 다니고 있다.

## 곰돌 군의 기쁨

마누라!
이게 바로 명품대전에서
60프로 세일에
득템한 내 뉴 청바지야!
완전 예쁘지? 만져봐도 돼.

지금도 잘 어울리지만
살을 조금 빼면 엄청 멋있을 것 같아.
마누라 긴장해야 할 거야.　　　　　아, 그래.

옷을 자주 사지는 않는 대신 브랜드를 좋아하고
백화점을 사랑하는 그분.
정말 마음에 들어하길래 허허 웃고 말았다.
난 유니클로 청바지 입지만.

우리 집 큰아들 곰돌 군.
아직 너무 어려 철이 없지만 언젠가는 효도하겠죠.

**곰돌 군의 슬픔**

이발하고 오면 늘 우울해하는 곰돌 군.

머리 깎으면
흰머리가 엄청 튀어나와.
애 낳고 고생해서
이렇게 된 거야. 아 슬퍼.
이제 더 이상 20대녀들의
관심을 못 받는 건가...

애를 낳긴 누가 낳아...
그 놈의 20대녀들은
도대체 where?
데려와 봐라 좀.
아... 눈 침침해.

흰머리
뽑으라고
강요 받음

본인의 귀염성을(그러나 근거 없다)
굳게 믿고 살아온 40대 중반의 그분.
이제 더 이상 20대에게는
먹히지 않을 것 같다며 잠시 슬퍼하심.
여전히 30대 초반은 문제없다고.


피곤해서 그런지 진짜 눈이 침침해서 검은 머리 두 개 뽑은 건 비밀.

## 캐릭터 분석

코코몽은 주인공이지만 착한 캐릭터가 아닌 게 특이하군…
아로미는 공주병이 심한데도 밉지가 않아…
역시 예쁘면 공주병이라도 봐줄 수 있는 건가…
파닭이는 정말 산만하다…
애는 괜찮은 것 같지만 내 취향은 아냐….

케로는
아무리 봐도
게이같아···

냉장고나라 코코몽을 애들과 함께 보다보니
왠지 캐릭터 분석을 하게 되네요. ㅎㅎㅎ

**공주는 속물**

요즘 우리 애들이 좋아하는
동화책 중 하나가 〈개구리 왕자〉.

읽을 때마다 드는 생각인데 공주는 정말 속물이다.
외모만 보고 판단하며 약속도 우습게 안다.
개구리가 멋진 왕자가 되자 사귀지도 않고 결혼.

오늘 아침에는 〈개구리 왕자〉 세 번,
〈호랑이와 곶감〉 두 번,
〈방귀 시합〉 두 번을 읽어주고 나서야 겨우 출근.
나중에 우리 애들이 커서 결혼할 여자를 데리고 오면
드라마에서처럼 반대하거나 하지 않고
이해하고 받아들이려고 노력하겠다는 마음을
기본적으로는 갖고 있다.
그렇지만 〈개구리 왕자〉에 나오는
공주같이 반반한 얼굴만 믿고 생각은 없는 아가씨라면?
아~ 갈등되네.
네, 물론 저희 애들 아직 겨우 23개월이고
여자가 뭔지도 모릅니다만.

엄마 출장 갔다가
너희들 코 잘때 왔어.
다 너들 땜에 출장가는 거니까
이해 부탁하고.
오늘 이모님 말씀 잘 들어.
싸우지들 말고.

추리닝

그대로 멈·춰·라!

## 두 추종자

출근 준비를 하고 있으면 꼭 애들이 와서 기웃기웃.

오늘은 내가 머리를 빗는 모습을
심각하게 보길래 한 놈씩 머리를 빗겨줬더니
신기한지 잠시 얼음.

400

## 백수 남편

곰돌 군은 특별한 이유 없이 어제 휴가를 내고
집에서 애들을 조금 보고 주로 게임을 한 듯하다.
퇴근 후 집 앞에서 조인해
새로운 식당 뚫으러 갔는데
추리닝 패션이라 마치 백수의 느낌. ㅎㅎㅎ

가끔 둘이 먹으러 가는 거 참 좋다.
이런저런 얘기도 많이 하고 괜히 시시덕거리고.

## 안경이 필요한 나이

눈이 진짜 침침해…
노안이 오는거?
시력검사 하고 안경 다시 할까?
라식 할까? 싸졌다는데…
라섹은 뭐지? 근데 무서움…

겁은 드럽게 많다.
심지어 애 낳는 거
무서웠는데
수술하래서
안모한 녀자.

라식이나 라섹이나 해보신 분들 조언 부탁yo.
마이너스까지는 아니지만 난시가 심합니다요.

회사에 오면
하루 종일
안경을 쓰는데

쓰고 일하다보면 자꾸 흘러내려서 이렇게 됨.
왠지 드라마에 나오는 까다로운 시어머니 feel.

안경을 쓰면 여름엔 무척 덥고 라면 먹을 때 앞이 안 보이며
시야가 갑갑합니다.

피곤해 보이면 중년

내가 그리는 캐릭터 버전의 나는 둥글둥글한 외모지만
그건 뻥이고, 아니 뻥이라기보다는 로망이고
사실 나는 좀 마른 편이다.
그렇다고 몸 전체가 마른 것이 아니라
얼굴, 목, 어깨, 팔, 다리 등 보이는 곳은 앙상한데
배와 허리에는 꽤 넉넉한 양의 살을 확보하고 있다.
나잇살도 나잇살이고 출산도 '원 플러스 원'으로
하는 바람에 여분의 살을 갖게 되었다.
그렇다고 꼭 이 살을 다 빼겠다는 것은 아니다.
더 늘지만 않으면 사실 괜찮다.
너무 말라도 안 예쁘다는 생각을 기본적으로 갖고 있고
이 나이에 살 빠지니까 얼굴 살부터 빠져서
나이 들어 보이더라.
살이 잘 찌는 체질의 사람들이 들으면
짜증 낼지도 모르겠는데
나는 평생 왜소하다, 얼굴이 뾰족하다,
예민해 보인다는 소리를 들어서 조금은 살집이 있는
둥글둥글한 외모였으면 하고 생각한다.
그래서 배 나오고 얼굴 동그란 곰돌 군과 살고 있는지도.
그리고 나이를 먹는다는 것에 대한 한 가지 슬픔은
자꾸 사람들이 "피곤하세요?"라고 물어본다는 것.
푹 자고 쌩쌩해도 피곤해 보인다는 것은,
그것은 바로 중년이라는 의미.
20대나 30대 초반 때만 해도 늦게까지
친구들과 술 마시고 놀다가 몇 시간 못 자고 출근해도
아무도 모르지 않았나.

## 하반기 미용 행사

내 자신을 위해서
연 2회 파마를 하자는 결심에 따라

어제 칼퇴근을 감행하고 집 근처 J미용실 임 선생님께 달려갔음.
"어떻게 하실지는 생각해보셨어요?" 하시길래
"당연히… 아니죠." 그리하여 역시나 선생님께서
알아서 자르고 볶아주셨다. 내가 아이디어를 내는 것보다
훨씬 바람직한 결과가 나온다고 생각함.

짧아져서
시원해요~

왜 여자들이 나이를 먹으면 파마를 하는지
어릴 땐 이해하지 못했다.
그런데 나도 어느덧 마흔이 되어 모발도 노화한다는
사실을 알게 되었고 출산에 따른 탈모도 겪어보니
이제는 파마의 중요성을 누구보다도 잘 알게 되었다.
20대에게 파마는 멋을 내거나
분위기를 바꿔주는 수단 중 하나라면
40대에게 파마는 부여잡아야 하는
볼륨이자 윤기이며 안티에이징이다.
파마기가 없는 40대의 모발은 화장기 없는 얼굴과 같은 것이다.
기미와 잡티와 다크서클이 '쌩얼'을 불가능하게 하듯
부스스함과 줄어든 머리숱과 흰머리는
단골 미용실의 담당 선생님을 내 인생의 필수 요소로 설정한다.
내 멘토 노라 에프론이
에세이집 〈I feel bad about my neck〉에 쓰셨듯
나이가 들면 들수록 적어도
현상 유지를 위해서는 '관리'가 중요하다.

특히 키포인트는 피부, 머리카락,
그리고 손톱이라고. 피부관리실 가본 지 3년…
관리사 쌤들 잘 계시겠지… 그리운 그분들…
팩 올리고 코곤 거 죄송했어요….

## 남편 안의 아줌마

(문자 디리링)
하기스몰에서 오늘만
50프로 할인한대.
지금 거기 난리도 아니래!

내 남자
이런 남자

방금 이런 문자를
남편에게 받았다.
나의 답장 : "남편 아줌마 같아"

며칠 전엔 회사 무슨 여과장하고
엘리베이터에서 마주쳐 아줌마를 쓰냐 안 쓰냐
입주냐 출퇴근이냐 월급 얼마 주냐에 대해
심도 있는 논의를 했다고 하지를 않나.

**남편 안의 개그맨**

어제 애들 낮잠 재우고 잠시 거실에 누워
책을 보는데 곰탱이가 나타나더니
살도 없는 내 등짝을 야무지게도 꽉 물고 감.
진짜 아팠음. Why? "등심 먹은 거야. 케케케."
이게 바로 내 남편의 유머.

**건강검진 실시**

애 둘 낳고 나니까 겁이 없어지고 대범해지는 게
아무래도 여성은 출산과 육아를 통해
진정한 아줌마가 되는 것 같다.
아줌마라는 단어에 거부감 있는 분들도 있지만
나는 정겹다고 느낀다.

눈도 침침하대고
귀도 한쪽 안 들린대지…
원래 애교도 없고…

별론데 갖다 버릴까…
혹시 계속 데리고
살지도 모르니까
일단은 건강검진 실시.

그러시든가.

왼쪽이
70% 정도
들림

**아줌마라는 증거**

내가 아줌마라는 증거

1  마트에서 속옷을 산다.
2  손빨래 살살할 시간 제로. 세탁기에 돌릴 수 있는
   소재, 레이스 따위는 없는 속옷을 선호한다.
3  무조건 무난하고 편한 속옷만 입는다.

물론 결혼한 여성 중에도 예쁜 속옷과
하늘하늘한 잠옷을 좋아하는
여성스럽고 디테일 살아 계신 분들도 있겠죠(부럽기도).
하지만 어쨌거나 아가씨 때와는 다른 것 같아요.
아무래도 애가 있으면
효율성과 실용성을 따지게 되니까요.

# 겨울 가뭄

아아아
주름살이 새끼를 치는 게
느껴져 느껴져...

하아... 겨울이군요...

쩍!

말라 죽어가는
화초 (선인장도
죽이는 여자)

부츠 신어줌

피부가 개건성이라
아주 그냥 가뭄의 논처럼 쩍쩍 난리도 아닙니다.
게다가 입술에 뭘 잘 안 바르다보니
아픈 사람처럼 다 트고 볼썽 사납…
겨울이면 몸과 마음이 말라 비틀어지는 느낌.

## 자매의 관심사

헤이 리틀씨스털,
너 요즘 건조하다며
히알루론산을
먹도록 해.

왓츠댓?

일단 먹어봐.
좋은 거 같아서
엄마도 보내줬는데 좋아하심.

알았어 그럼.

비타민 챙겨 먹고
귀찮아도 로션 발라라.

그게 잘 안 된다니까.
비타민은 노력 중.

정관장 먹어, 정관장.

알써.

동생보다
어려보이는
그분

커미션
받냐?

자매의 대화 내용이 어쩐지 점점….

근데 확실히 비타민을 꾸준히 먹어주니
혓바늘이 잘 안 돋는 것 같음.
마덜께서 신봉하시는 오메가스리는
잘 모르겠더라고요.
씨스털이 밀고 있는
히알루론산인가 뭔가도
일단 사기는 샀어요.

## 아버지와의 추억

대학교 2학년 시절,
당시 남친이 있었던 언니와 여친이 있었던 남동생(고딩),
그러나 꿋꿋이 솔로였던 나를 은근히 걱정해주시던 아부지.

418

나는 아버지한테 고딩 시절 술을 배웠다.
맥주 같은 도수 낮은 술로 배운 게 아니라
아버지 취향대로 위스키, 럼, 진 이런 스트롱한 애들로 배웠다.
일주일에 한두 번은 저녁 때 "한잔 할래?" 하시면
시험 공부를 하다가도 위스키에 소다수를 섞고 아이스 찰찰.

오늘은 아버지 기일이다.
15년이라는 세월이 언제 흘렀나.

아빠, 보고 싶어요.

　　　저희 애들도 술은 꼭 양주로 가르칠게요.

**힘이 아니고 기술**

회사에서 강연 행사가 있었는데 끝나고
네트워킹 리셉션으로 다과와 와인 등을 간단히 제공했다.

와인을 딸 줄 아는 사람이 별로 없어
내가 병을 집어 들고 연달아 3병을 오픈했더니
주위에서 놀라워함. 힘도 세다고.
회사에서 가끔 힘이 세다고 칭찬을 받는데 왠지 꽤 민망하다.

갑자기 또 아버지 생각이 난다.
아버지는 내가 대학을 졸업하고 몇 달 후에 떠나셨는데
뭐가 그렇게 급하셔서 삼남매를 두고
서둘러 가셨는지 모르겠다.
부지런한 데다가 손재주가 좋아
이것저것 다 고치고 만드시던 양반이니
하늘나라에서도 뭔가 쉴 틈 없이 일을 벌이고 계실 게 뻔하다.
그 와중에 틈틈이 애들 잘 지내나 내려다보고 계시겠지.
둘째인 내가 미대 간다니까 졸업해서
뭐 하려고 그러냐며 크게 걱정하셨는데
그럭저럭 회사에 잘 붙어 있는 걸 보시면 안도하실 게다.

아버지, 저 잘 있어요. 쌍둥이도 낳고
남편이랑도 안 싸우고 잘 지내요.
아버지 딸인데 '가오'가 있지 와인도 막 따고요.
아빠… 사랑해요.

## 그리운 내 유년의 가족

대학교 때까지 거의 항상 언니와 방을 같이 썼다.
과제를 한답시고 내가 방을 난장판으로 만들어놓으면
생물학을 전공하던 언니는 Enya CD를 틀고
한쪽 구석에서 조용히 공부를 했다.

헤이유 씨스털…
이번 과제물은 뭘 이용
하는지 물어봐도 될까?

왜지
걱정

머리카락을 모아서
작품을 할 거야.
절대 방청소 하지 마.

나는 어릴 때 아버지, 엄마보다 언니를 좋아했다.
내성적이었고 밖에서 노는 걸 싫어해서
친구가 없다보니 더욱 언니만 따라다녔다.
언니가 초등학교에 입학했을 땐
오전 내내 언니를 기다렸다.
언니가 집에 오면 같이 학교놀이를 했다.
언니는 항상 선생님이고 나는 학생이었는데
언니가 그날 학교에서 배운 걸 그대로 가르쳐줬다.
언니는 복습을 한 셈이고 나는 선행학습을 했다.
나는 세상에서 우리 언니가
가장 예쁘고 똑똑하다고 생각했다.
음. 그건 지금도 그렇기는 하다.

나는 외모나 성격 면에서 눈에 잘 안 띄고 무척 평범해서
항상 언니와 남동생 중간 쯤에 끼어 있었고 자랄 때는
그게 좀 불만이기도 했다.
애가 셋이나 되고 먹고살기도 바쁘니
부모님들께서 우리를 곱게 키우신 적도 없다.
그래도 엄마는 내가 대학교 때 물감 사느라 돈이 없을까봐
아버지 몰래 돈을 쥐여주시기도 하고
아버지는 못생긴 작은 딸을 걱정하시면서
쌍꺼풀 수술은 해주시겠다고 약속까지 하셨다.
물론 아버지가 약속을 지키시기 전에 돌아가셨지만
결혼해서 잘 살고 있으니 it's OK.

힘들 때면 마지막으로 우리 가족이 함께
복닥거리며 살았던 대학 시절을 생각한다.
길 건너에는 항상 '1+1'을 하던 테이크아웃 피자집과
팀홀튼(캐나다의 대표적인 커피전문점)이 있었고,
거기서 3분만 걸어가면 딤섬은 맛있지만
인테리어는 수십 년간 그대로인 중국집이 있었다.
언니와 나는 대학을 다니고
동생은 고등학생인 주제에 연애에 빠져 있었다.
아버지는 저 정신없는 놈 대학 못 가면
집에서 쫓아낼 거라고 으르렁대셨다.
엄마는 아버지를 달래고
동생을 타이르시느라 늘 걱정이셨다.

아~, 그립다.

## 엄마의 마음

쌍둥이는 보통 일반 아기들보다
일찍 태어나고 체중도 적게 나간다.
보통은 3kg대, 하지만 우리 애들은 2.6, 2.7kg으로 태어나서
계속 좀 작았는데 요즘 잘 먹어서
몸무게가 평균에 가까워지고 있어 매우 기쁘다. 좋아죽겠다.

어르신들이 자식들 먹는 걸 보면
당신들은 안 먹어도 배가 부르다시길래
'에이 설마' 했는데 진짜 좀 그렇다.
애들이 잘 먹고 통통하면 그저 기분이 좋다.
물론 애들 먹이고 나서 나도 먹지만 대충 먹어도
별로 신경이 안 쓰인다.
하지만 애들이 안 먹으면 하루 종일 신경이 쓰이면서
원인 분석에 이어 결국은 자책에 도달한다.
물론 우리 애들은 잘 먹게 되었다고는 해도
튼실하다는 느낌이 드는 그런 상태는 아니다.
기본적으로 좀 마른 편이고
여전히 평균 체중보다는 적게 나간다.
그래도 평균을 거론하고
비교할 정도가 되었다는 것이 매우 고무적.

**엄마의 행복**

엄마부터
머리 좀 감고

끄야끄야

우와와끄야

주말이면 욕조에 따뜻한 물을 받아서 애들과 함께 목욕을 한다.
자동차도 장난감이고 샴푸통도 장난감이다.
애들이 실컷 노는 동안 나는 애들 양치도 해주고
손톱발톱을 깎아준다. 행복하다.

## 유럽 스타일 뽀뽀

뽀뽀 요청 시 준이는 입을 크게 벌리고 다가오는데
뭔가 어색한지 시선은 다른 곳을 바라보는 게 특징.

훈이는 고개를 휙 돌려서 뭐지? 했더니

뽀뽀하라고 볼을 내주는 제스처였다.
이 녀석… 언제부터 유럽 스타일이었던 것이냐?

## 사랑스러운 내 새끼

요즘 훈이는 조금이라도 서럽다고 생각되면
방바닥에 엎어져서 최대한 불쌍하게 우는 게 특징.

울지 마, 훈이.
우리 귀여운 훈이가 왜~
엄마가 사랑하는
우리 예쁜 훈이~

주로 애가
울림

서러운
연기

눈 감고

안아서 달래주면
눈은 여전히 꼭 감은 채로
내 가슴팍으로 파고드는데 그 모습이
정말 사랑스러워서 자꾸 울리고 싶다.
에고 내 새끼.

## 너무 격렬한 환영

인쇄물도 넘겼고 발등의 급한 불은 대충 껐길래
일찍 들어갔더니…

문을 열기도 전에 환호하는 소리가 들리고
현관을 들어서자 광란의 도가니탕.
뭐가 그렇게 신이 나는지 난리로 뛰다가
잠시 충돌사고로 울기도 하고… 강아지 녀석들, 나의 박카스.

## 사랑받는 사람

아빠가 최고인 훈이와는 달리 엄마를 정말 좋아해주는 준이.
안방에서 잘 때는 엄마 곁에 꼭 붙어서
엄마의 한 손은 얼굴에 비비고 한 손은 꼭 잡고 잔다.
'엄마'는 사랑받는 사람이다.

얼마 전에 블로그 이웃 한 분께서 내 블로그가
출산 장려 블로그 같다고 하셔서 웃었다.
육아가 얼마나 힘든지 낱낱이 밝히고 있다고 생각했는데
긍정적인 부분을 더 많이 공개했는지도.
그도 그럴 것이 나는 결혼도 빠르지 않았고
꽤 험난한 과정을 거쳐 서른여덟 늦은 나이에
엄마가 되었기 때문에 너무 쉽게 임신을 했거나
(계획만 하면 땅땅 임신하시는 분들도 있더만요)
아직 프레시한 나이에 결혼하자마자
덜컥 허니문 베이비를 가진 분들과는 기본적으로
차이가 있을 수밖에 없다.
나는 엄마가 된 것이 그저 감사하고
아이들이 소중하고 많이 기쁘다.
물론 오늘 아침에도 두 놈 다 울어서 진정시키고
출근하느라 정신이 없었고 혓바늘이 돋아 입맛이 없다.
팔도 아프고 허리도 쑤신다.
그럼에도 불구하고 감사해야 한다고 생각하는 것은
내가 겪어온 과정이 쉽지 않았기 때문인 듯.
고생을 하면 철이 들기 마련인가봐요.

**가족**

어제 시부모님과 시누이가 놀러오셔서
저녁에 근처에서 외식을 했는데
애들까지 인원이 일곱이라 꽤 시끌벅적.
아 우리는 가족이구나 싶었다.
정말 가족이구나.

애들이 우리에게 오기까지의 여정이 쉽지 않아서인지
나는 아직도 가끔 혼자서 울컥하며 감격한다.
내가 엄마라는 것. 우리 곰돌 군이 아빠라는 것.
우리 가족에게 다음 세대가 있다는 것.
우리의 미래이자 희망인 두 놈이 쑥쑥 커가고 있다는 것.
그냥 뭐랄까….
말로 설명하기는 복잡한데 마음이 복작복작하면서
오물오물거리면서 옹알스러운 그런 거.

**로망 리스트**

오랜 로망 중 하나는 뜨개질을 배우는 것.
예쁜 실로 나만의 목도리나 조끼를 짠다는 느낌이 궁금.

왠지
현모양처의
분위기일 것
같다

뜨개질을 잘하는 것 외에도 하고 싶은 것은 :

1  베이킹 제대로 배우기
2  도자기 굽기
3  재봉틀을 배워 커튼, 테이블보 만들기
4  일어, 불어 배우기

중국어나 좀 열심히 …

그리고 언젠가는 다시 그림을 그리고 싶고,
책을 많이 읽고 싶고, 나 같은 사람도 가능한 일이라면
책을 내고 싶고, 공부를 해서 석사 학위를 받고 싶다.
내후년쯤에는 애들을 데리고
캐나다에 가서 외할아버지 산소를 보여주고 싶고
남편과 둘이 프랑스에 가고 싶다.

## 하찮은 존재

누런 콧물이
나오는 것 같아…

누가?

화들짝    걱정

내가.

난 또 훈이준이
애긴 줄…

쿨

곰돌 군은 어머니에게 더 이상 대단한 존재가 아님.

## 눈 오는 날

7년째 계속되는 눈 오는 날의 곰돌표 유머.
갑자기 얼굴을 확 들이대니까 매번 놀라자빠짐.

## 한밤의 응급실

훈이가 밤새 잠을 못 자고 앓더니
새벽에 상태가 이상해서 응급실에 갔다.
두 시간 만에 검사가 더 필요하니
다른 병원 응급실로 가라며 구급차를 태워준다.
결국 입원. 며칠이나 있을지는 모르겠다.
애 입원은 처음이라 긴장의 도가니탕.

오늘 엄마의 또 다른 이름을 알게 됐다 – 간호사 보조.

훈이가 먹을 수 있는
상황이 아닌데 밥이
나왔길래 내가 먹었다.
내 새끼 살리려면
힘을 내야 한다며.

기미님

맛없지만
종일 굶었더니
먹을만해.

헐렁한 추리닝

영양사가 사준
양털부츠

**나를 안으라**

폐렴 진단 받고 입원하신 후 하루 만에 열도 내리고
산소호흡기도 졸업하신 그분.
기력을 회복해서 다행이긴 한데 의사, 간호사 샘들만 보면
울기 시작해서 혈압도 못 재게 하고
네뷸라이저도 치우라고 버럭버럭.
엄마 보고 일어나 서서 자기를 안으란다.
하. 루. 종. 일.
그래도 어제 위급했던 상황을 생각하며
감사히 버텨보아요~. ㅜㅜ

훈아
엄마 머리 좀
그만 뽑을래?
그리고 엄마 양치하고
옷 좀 갈아입자, 응?

내 피
그만 좀
뽑아가라
인간들아

훈이가 토하고
오줌 싼 바지

우는 애를 겨우 진정시켜 책을 읽어주고 있었는데
피 뽑아야 한다고 호출. 피를 또 뽑힌 게 분한
'후느님'께서 울며 짜증을 있는 대로 엄마에게 부린 후
저도 인간인지라 피곤한지 쓰러져 주무시고 있다.
링거 꽂은 주삿바늘을 자꾸 뽑겠대서
한 손에 양말을 씌워놓았고, 산소와 맥박 확인하려고
연결한 것도 뽑겠대서 한 발에도 양말을.
감기 걸린 주제에 바지도 안 입겠다
이불도 안 덮겠다 아무튼 힘들게도 하심.
잠 푹 들기 기다렸다가 조심조심 이불을 덮습니다.
곰돌 군은 준이를 데리고 동네 병원 방문.
준이도 감기. 아픈데 아픈 축에도 못 끼고
할머니랑 놀아야 하는 불쌍한 준.

## 메리 크리스마스

메리 크리스마스!
항상 건강하고 행복하세요!
내년에도 파이팅yo.

크리스마스 이브인 오늘은 엄마를 대신해
곰돌 군이 휴가를 내고 훈이를 퇴원시켰습니다.
저는 회사에서 밀린 일 낑낑.
감기가 와서 이비인후과 방문.
건강이 최고죠.

**마흔한 살이 되면**

박완서 선생님도
마흔에 등단하셨고
'심야식당'의
아베야로님도
마흔에 등단.
40대도 충분히
멋질 수 있어.
쿨하고 프로페셔널한
마흔한 살이
되어보자. 영차.

어느새 올해의 라스트데이.
모레부터는 회사에서 나눠준
새 다이어리와 달력을 쓰겠구나.
내가 1974년생이니 곧 만으로도 마흔이네…
나이에 맞게 살아야 할 텐데
많은 노력이 필요하겠군.

## 언제 이만큼 자랐지?

훈이는 좋아하는 플라스틱 상자에
겨우 들어갈 정도로 컸고
준이는 이제 "어디 있지?"라고
문장을 말했다.
단어가 아닌 문장이라니. 감격.

2011.
12.

라잇나우

25년쯤 뒤?
(그럼 나는 몇 살...
오우마이갓. 꺅!)

정수기까지 손이 닿지 않던 녀석들이
언제 컸는지 정수기를 건들길래 위치를 조정했다.
계속 크면 어른이 되겠구나 생각하니
기분이 무척 묘하다.

밥 먹을 때 대단한 집중력을 보이는 곰돌.
얼굴 좀 보고 대화를 나누면서
오순도순 식사를 하고 싶지만
보이는 건 정수리뿐.

부질없는 리마인드.

곰돌 남편의 특기 : 말실수
(언뜻 비슷하게 들리지만 잘 들으면 이상함)

마누라
냉장고에
파슬리 있어.

설마.
파프리카겠지.

마누리가 좋아하는
안젤리나 애니스톤
영화 다운 받아놨다.

설마.
제니퍼
애니스톤이겠지.

요새 첩보원들이 주인공인 드라마 '아테나'를 열심히 시청 중이신데…

유동국이
신애의 정체를
의심하는 것 같아.
눈빛이 이상했어.

(한숨)
유동근…
수애…

# 아기 천사들을

저는 어렵게 두 아이를 만났어요. 2년 가까운 시간 동안 인공수정과 시험관 시술을 시도한 끝에 가슴 벅찬 소식을 들을 수 있었죠. 난임으로 고생하던 시절에는 참 외로웠습니다. 세상의 다른 모든 부부는 아이들과 행복한 것 같았고, 힘들고 지난한 시험관 시술 과정을 거칠 때는 희망이 보이지 않는 것 같았죠. 우연히 발을 들인 '불다방' 카페에서 따뜻한 위로와 격려를 받지 못했다면 포기했을지도 몰라요.

저 또한 아이를 애타게 기다리는 누군가에게 작은 응원을 보내고 싶어요. 제가 난임을 겪던 시절, 카페에 올린 그림들입니다.

# 만나게
# 되기까지

\* 불다방은 '불임은 없다, 아가야 어서 오렴'이라는 이름의 네이버 카페입니다.
불임에 대한 정보, 불임 치료나 병원에 관한 정보를 공유하는 카페인데,
아픈 마음을 다독거려주기도 하고 좋은 의사 선생님을 추천하기도 하는 곳이에요.
카페 이름이 너무 길어서 회원들은 줄여서 '불다방'으로 부른답니다.
불다방 주소 http://cafe.naver.com/monnbaby

## 시험관을 시작하다

아기를 만나기가 쉽지 않네요.
시험관 아기 시술을 다시 시작해보기로 했어요.

너희들만 믿는다.

잘들 크고 있지?
잘해보자 얘들아.

네, 엄마!

와 엄마닿~

난순이들

↑
불발 될요

아무리 쿨하려고 해도
걱정이 되는 건 어쩔 수 없네요.
시험관은 큰돈 깨지는 거라서
마음 비우기가 쉽지 않아요. 쉽지 않아~.

*인공수정은 건강한 정자를 채취해서
난자가 많이 나오도록 과배란을 시킨 여자의
자궁 속에 주입하는 방법이에요.
수정 확률을 조금 높여주는 방법이라 할 수 있지요.

시험관 아기 시술은 인공수정이 실패하면
다음 단계로 하게 되는데, 건강한 정자와 과배란시킨
난자를 채취해서 이를 외부에서 수정시킨 다음
자궁에 이식하는 방법이에요.
과배란시키기 위해 매일 병원에서,
혹은 집에서 셀프로 배란 유도 주사를 맞아야 하고
난자 채취와 수정란 이식 시술을 받아야 하는 등
고통스럽고 지난한 과정이랍니다.

**모피쯤이야**

하지만 전 기죽지 않아요.
병원 갈 때마다 50만 원, 150만 원
마구 긁어대는 간 큰 여자니까요.
모피 따위 내게는 우습단다, 얘들아.

## 참견 사절

저는 대략 목, 어깨, 팔목 등 보이는 곳은
얄쌍하니 말라 보이고('보이고'에 주목)
나이 먹으니 얼굴살은 빠져
더욱 말라 보이고('보이고'에 다시 주목)
but 대박 반전 배, 허리, 하체를 지닌
지극히 한국적인 몸매의 여성입니다.

비리비리하게 '보이는' 외모 덕에
임신이 안 되는 이유가 모두 저에게 있다고 생각하십니다.
약해서 그런 거 아니냐(저 1년에 감기 딱 한 번 앓거든요?),
살 좀 찌워라(목욕탕 같이 가실래요?),
생리는 하냐(완전 정확) 등등…
정말 짜증 나고 스트레스 받아요. ㅜㅜ

볼 살 찌우는
방법 알려주세요

밥 안 먹어도
불룩한 배

하체 완전 튼튼
보여줄 기회가
없을 뿐

I love
수면바지 +
수면양말

생리는 해?
한의원 가봐…
용한 한의원이
있는데…

왜들…

말라도
안 좋아…
맏며느리 맞냐?

제 인생 제가 알아서 살게요.
참견 뚝. 조언 노쌩큐 제발.

461

## 방언 터졌네

연말이라고 오랜만에 친한 언니를 만났답니다.
언니가 "병원 안 다닌다더니 어떻게 됐어?" 묻길래
"나중에 후회할까봐 다시 다니기로 했어"라고 했죠.
이어 방언처럼 터진 제 말문.

나중에 집에 와서 생각하니까 언니가 너무 불쌍한 거예요.
자기는 관심도 없는 분야인데
(심지어 언니는 아직 싱글 ㅜㅜ) 얼마나 지겨웠겠어요…
제가 왜 그랬을까요….

## 병원 나이

병원이 좋은 이유

해가 바뀌었다고 해서
(달력 한 장 넘긴 게 뭐가 대수인가요?)
괜히 나이 더 계산하지 않는 센스.
만 나이로 가는 시스템 좋아요~.
글로벌 시대니깐 우리나라만
이상한 나이 계산법 하지 맙시다~.

## 어색한 순간

2~3분 정도의 짧다면 짧은 시간이지만
무엇을 해야 할지,
무슨 생각을 해야 할지 참 애매한 순간.

곰곰···
나란 녀자
생각 있는 녀자···
(리얼리?)

딱히
할것도 없고···
그러나 왠지
턱 아래 손

*시험관 아기 시술을 위해서는 여러 개의
난자를 키운 후(과배란) 채취하는 과정이 있어요.
채취 시점이 무척 중요하기 때문에 병원에 자주 가서
초음파로 난자 상태를 확인해야 한답니다.

ᄎ병원에서 초음파 보려고 대기할 때 말이에요…
옷 갈아입고서 좁은 통로에 나란히 앉아서
멍 때리는 그 순간요….

서로
말하기도
어색

멍 ~

약간
민망

앞만
바라봄

No
panties
어머어

수줍

이름이나
빨리
불러주셈

똑같은 치마입고 서로 안 쳐다보기—
시상식 때 여배우들
같은 드레스 입은 그 마음?

## 수술대 위의 생선

난자 채취할 때 말이에요…
물론 아플까봐 겁나기도 하지만
수술대에 올라가 십자가에 못 박힌 포즈로
마취를 기다릴 때
좀 심하게 뻘쭘하지 않으셨나요?

대박 조명
반짝반짝 눈이 부셔
ㄴㄴㄴㄴ
쌩얼로 오라더니
이러시긴가요?
안티?

제발 컴온 빨리
마춰 돠잇나우!
정신줄을 놓고자 한다.

우리 모두 쩍벌녀가
되어 보아요~
아줌마니까 괜찮아~

469

# Me ᵛˢ· Husband

열라 아픈 나팔관 검사
툭하면 병원
뻑하면 초음파, 피검사
생리 전부터 누크린 배주사
터지면 주사 추가
배꼽 주위 벌집
난자채취 (수술)
복수차서 고생
질정은 하루종일 줄줄
이식하고 마음 졸임
(피를 말리는 기다림의 시간)
실패하면 자책
터지면 술
남는 건 뱃살
···

쌩
다 나냐?

마누라가 몰라서 그렇지.
정자 채워도 힘들어.
나도 신경 많이 쓴다고.

저희 남편이 나쁜 사람도 아니고
꽤 협조적인, 자상한 사람인데··· <u>가끔 꼴보기가 싫어요.</u>

**절실한 기도**


제 기도는 점점 바뀌고 있습니다.

3년 전:
똑똑하고 예쁘고 밝고
책 좋아하고 운동도 잘 하게
해주시고... 영어교육은
한글교육과 함께 시작하게
해주시고... 학군 좋은 곳으로
이사할수 있게...

1년 전:
아들, 딸 상관 없이
건강하고 똑똑한 아이를
주시고... 시험관 까지
가지 않게 하시고...

Now:
제가 좋은 엄마가 될 수 있게
마음을 다스려 주시고...
아직 포기하지 않게 붙들어 주세요.


... 저 많이 철들었죠?

**사소하지만 민감한 문제**

좀 사소한 문제이기는 한데요…

배아 이식하고 나면
첫 병원은 팩두유 하나랑
샌드위치 주시잖아요…

기왕 주시는 거 좀
**맛있는 걸로**
주시면 안 될까요?

요새 여자들
이런 디테일에
민감하거든요.

전 만 원짜리
티 입어도 입은
압구정…
(자랑이냐?)

지금 그깟 샌드위치가 중요하냐고 비난하시는 분들.
웨이러미닛. 여보세요.
제가 병원에 갖다 바친 돈이 얼만데요.

*배아 이식을 하는 날은 이식 후 안정을 취하기 위해
두어 시간 누워 있다가 나오기 때문에
병원에 있는 시간이 길답니다.
그러다보니 밥때를 지나는 경우가 많아
병원에서 간단히 샌드위치를 주신답니다.

## 피 말리는 시간

다들 그러죠…
세월은 유수 같다고…
시간이 어디로 다 가는지 모르겠다고…

But 배아 이식 하고 나면
갑자기 시간이 정지하지 않습니까?
그놈의 피검사(착상 성공 여부를 확인하는)까지
고작 열흘 남짓인데 하루가 한 달 같네요….

**위로할 수 없는**

피검사 결과가 나왔습니다.
기다리던 소식은 없네요.
바닥까지 다운됐습니다.
지금은 바닥에 있을래요.

## 방학에는 커피와 와인을

학생들은 방학을 하면
미용실에서 염색하고 파마를 한다죠.

그리고 개학 전 원상복귀
( 이게 바로 돈G랄? )

얘들아 조심해.
머리 개털 돼…
언니도 젊었을 때
해봐서 알아.

\* 피검사 결과가 나온 이후로 다시 배아 이식 할 때까지는
'혹시 임신' 모드에서 해제되는 방학입니다.

저도 방학이에요.
그래서 제가 좋아하는 와인도 마시고
커피도 마십니다.

음~
커피 스멜~
중독 스멜~

스탠바이

내 말이···

언제
찾을지 몰라

하긴.
난소들 그렇게 무리하게 돌렸으니
좀 쉬게 해야죠.
제 난소들은 소중하니까요.

방학이기에 죄책감 안 느끼고
당당히 마시는 커피 맛나네요···.
설탕만 넣은 아메리카노. 향이 끝내줘요~
(그런데 방학 아닌 회원님들이 왜 부러운 거지? 왜? 왜!)
물론 자판기 커피, 커피믹스, 카푸치노,
라테, 모카치노, 술 들어간 디저트 커피까지
두루두루 좋아합니다.
전 모나지 않은 여자니까요.

## 세상에서 제일 부러운 것

통통하고 뽀얀 아기를 안고 있는
젊고 예쁜 엄마들이 세상에서 제일 부럽습니다.
요새 엄마들은 참 날씬하고 옷도 잘 입더군요.
그렇게 세련되고 멋진 엄마가 될 자신은 없지만
많이 사랑해주는 엄마가 될 자신은 있는데….

아가야 빨리 오렴.

**아기랑 하고 싶은 일**

목표 1 :
아기랑 커플룩 입기.

로빈순

꼭 수면바지로
하겠다는 건
아니고요···
(예쁜 거 열라
찜해놨음)

프라이데이?

꺄르륵~

목표 2 : 아기에게 책 읽어주기.

야 잼나~
엄마 최고~

그리하여
빨강머리앤은
길버트와
어쩌구 저쩌구···

목표 3 : 돌잔치 대신 어린이 단체에 기부하기.
       사진은 직접 찍어주기.

엄마 요즘 사진 배우고 있다.
부담은 갖지마 but
두달에 삼십만원이다.
그냥 참고하라고.

※ 딸이면 좋겠지만 아들도 OK.
    가릴 입장은 아님.

난자 채취하던 그날 남편들은 한쪽에서 기다리다가
간호사쌤이 호명을 하면 정자 채취를 하게 되어
있답니다(난자 채취 확인 후).
그리고 나서 멀뚱멀뚱 마눌님들을 기다리는 남편들.

저 … 충분한 것
같지 않아서요.
한 번 더 하셔야겠어요.

또 하라고요?

헉…
두 번 할 수도
있는거였어?

아무렇지도
않은 건
간호사 뿐

그 남자분 얼굴 사색 되시고 저희 남편은
자기도 다시 하라고 할까봐 조마조마했답니다.
생각해보니 남편들도 힘들겠어요. ^^

남편님들 파이팅!

## 불공평한 세상아

이승연도…
고소영도…
이영애도…

다들 나이 많아도
애도 잘들 낳네요.

복들도 많아…
난 전생에 죄를
지었나…

특히 고소영은
뭘 잘했길래
장동건이랑
사냐…

휴

선+정혜영 커플
아이가 무려 넷이잖아요…
세상이 너무 불공평해요.

**명절포비아**

제치고 싶은 날들 중 최고는 명절이죠.

양 발목에 모래주머니를 찬 느낌이죠…
가기 싫어요.

## 왜 난 무소식인가

침.
맞아봤습니다.

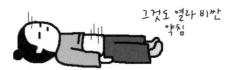

그것도 열라 비싼
약침

뜸.
뜨라면 뜨지요.

온 집안
쑥 스멜

사약… 아니 한약.
힘들지만 원샷.

캭!
꽃XX 병원
잊지 않겠다.

운동.
난포가 큰다는데
못할 것 없죠.

IPTV 없었으면
불가능

좌훈.
엉덩이가 탈 것 같지만
참았습니다.

이런 모습까지
보여드리게되어
죄송 그러나
real 이 대세

더 뭘 어쩌라고요?

울컥해서 죄송해요….

**상처가 되는 말들**


저 그렇게 못된 인간은 아닙니다만…


( 35세에 결혼한 친구 A )
허니문 베이비가 된 거 있지?
그리고 바로 둘째…
너도 인생 그만 즐기고 애 낳아야지.
철 좀 들어라.

잘난척

- - -

(아들만 셋인 친구 B)
손만 잡아도 애가 생겨…
너 제대로 노력은 하고
있는거냐? 부부생활이라는 건
말이야…

깔깔

저… 이 친구들 정리했어요.
같은 사람에게 반복적으로 상처 받는데
가만히 있는 건 바보잖아요.

야 변태

숨쉬기가 힘드네···
그래도 힘내서 디저트 먹어야 해.
혹시 임신해서 당길 수도 있어.

불룩

## 이유가 있다

결혼한 지 4년 만에 4kg 증가.
하지만 식사량을 줄이거나 하지는 않습니다.
전 언제 임신할지 모르니까 잘 먹어줘야 하는 여자거든요.

운동을 하라고요?
헬스자전거는 옷걸이가 아니라고요?
하지만 혹시, 만에 하나 제가 임신이라면 안정을
취해줘야 하는 게 아닐까요?

꼭 귀찮아서라기 보다
혹시 모르니까.
(리얼리?)

걸레 빨았음
↓

외로운
자전거

움직이기 싫어함
심지어 액션영화도
싫어함

네, 저는 난임을
자기 합리화를 위해 이용하고 있습….

## 약보다 정신력

약을 멀리하고 살아온 지난 몇 년
(언제 임신할지 모른다는 생각에)…

감기약 필요없어 쿨럭…
생강이랑 대추 끓여 먹으면 돼.
어지럽고 하늘이 노랗지만
괜찮다.
쿨럭…

마누라
그냥 약 먹어
쓰러지겠어.

생강

독한 마누라
그만 버티고 약 먹어.

생리통 약도 자꾸 먹어버릇하면
좋을것 없어. 미리 내 몸을
강하게 길들여놔야···
어우 근데 창자가 꼬이나봐
오마이갓!

데굴데굴

그래서 건강해진 걸까요? 올겨울 감기조차 앓지 않았답니다.

날이 갈수록 몸은 좋아지는데
임신은 언제되나요?

우람                                    듬직

## 꼬마야 꼬마야

귀여운 꼬마들만 보면
눈이 돌아가는 1인 :

귀염귀염
앙증앙증

너무 쳐다보면 이상한 아줌마
취급당할까봐 살살 봅니다.
그래도 혹시 눈이라도
마주치지 않을까 싶어서 실실 웃습니다.

"나 나쁜 사람 아니야" 표정.
괜히 힐끗힐끗.

뭥미?

찌릿!
저 아줌마가
자꾸
쳐다봐

미니인간1    미니인간2

임신하신 분들
정말 부러워요 ㅜㅜ

제게도 언젠가는 오겠죠?
미니곰돌 or 미니로빈순.

## 지긋지긋한 홍 양

절 우울하게 만드는 그녀 홍 양. 잊지도 않고 꼬박꼬박 와요 짜증나게.

곰방 차릴게
잠깐만 기다려

말 없이
큰 위로 주시는
그분: 화이트와인
(Sometimes
막걸리)

다 귀찮아···
마눌 폐업

···홍 양이 오는 날은 마누라 술상 차리느라 바빠지는 곰돌.

## 분노의 청소

반짝

폭풍청소
하고나니
혈액순환이
되는듯

Miss 홍이 오면 락스 팍팍 풀어 분노의 화장실 청소하시는 분?
평소에는 "난 올웨이즈 임신 가능성이야" 이러면서
행복한 상상의 나래를 펴다가 날개 달린 개들을 찾는 순간
본능적으로 오른손에 락스 통,
왼손에 청소도구를 드는 분들 손 들어보아요~.

예로부터 아낙들은
스트레스와 우울증을
청소로 다스리셨죠

아 저는 서울사는 로빈슨이라고 하는데요··
네네 74년생 맞고요···
결혼은 2006년에··· 네네···
안 할까 하다가 하는 바람에 좀 늦었습니다.
언니네 애 둘, 남동생네 애 둘 맞아요···
저만 그렇죠··· 아 그럼
미접수거나 문제 있는 상황은
아닌 거죠? 엽산이요?
3개월이 아니라
3년째 먹고 있는데요···
네네 생리 잘 하고요···
그러게 주실 때가 지난 것
같은데 연락이 통 없으셔서
바쁘신 줄 알면서도 이렇게
전화드렸죠···
네네 신경 좀 써주세요···
··· 부탁 드립니다.
네네 수고하세요 ~

···전 가끔 삼신할머니께 전화 한 통 드리고 싶어요.

IUI: intrauterine insemination
인공수정

IVF: in vitro fertilization
시험관 시술

FET: frozen embryo transfer
냉동배아이식

주사쯤이야 훗
(Solu-medrol 제외.
그건 너무 아픔.
악마의 주사!)
↑
남자가 발명한 게 확실.
자기가 맞아봤다면 이렇게
아프게 만들지 않았겠지.

난소기능 ovarian reserve …
자궁내막 endometrium
에스트로겐 …
프로게스테론 …
성선자극호르몬 …
과배란 … 자궁난관조영술

5일 배양 포배기 상태
blastocyst stage

착상 implantation

서당개 3년이면 천자문을 외운다고들 하죠.
병원 문턱을 넘나든지 3년.
의사까지는 아니더라도
간호사 보조는 할 수 있을 것 같아요.


네이버 검색, 카페 검색,
구글 검색, 야후 검색, 위키디피아 검색…
저 곧 논문을 써야 할지도 몰라요.
(근데 왜 눈물이 앞을 가릴까요?)

## 투명인간

친구나 직장 동료의 임신과 출산도 힘들게 하지만…
친정이든 시댁이든 직계가족 중
임산부가 있거나 출산하는 거
축하할 일이지만 가슴이 너무 아프죠.
웃고 있지만 속으로는 눈물이…

그러면서도 너무 슬퍼요
이제는
초월할때도 되었건만

집에 오면 한동안 멍~한 거 이거 노멀한 거 맞죠?

**듣고 싶은 말**

난임이라는 험난한 과정을 겪고 계시는
모든 분에게 가장 도움이 되는 한마디,
그분들이 가장 듣고 싶은 한 마디는 바로…

네 잘못이 아니다.

시어머님, 시아버님, 기타 시댁 분들,
친정엄마 및 친정 식구들, 친구들, 이웃들, 직장 동료들,
의사 선생님, 기타 지인들께 듣고 싶습니다.

## 갖고 싶은 명품은

그러나 곰곰이 생각해보니 정말 갖고 싶은 것은…
명품 중의 명품 비니루 커버의

### <u>산모수첩</u>.

저도요 흘쩍.
비니루가 최고여…

\* 카페 회원님이 주신 소재입니다.

**패션 계획**

전 이래 뵈도 계획 있는 여자예요.

이 코디 예쁜데
제가 표현을 못했음

저도 시크하고파요

사랑스러운 코디
어울리지 않는 나이
but 집에서 입을수도
있잖아요.
흑. 슬프군요.

임부복 미리미리 봐둔 여자예요….

성공하면 바로!! 구매할 겁니다.

**꼼꼼한 고통**

풀코스로 시험관 아기 시술 하고 나서
냉동이식을 해본 분들은 아시겠지만
비교적 간단한 냉동이식…
왠지 거저 먹는 느낌 들지 않던가요?
일단 무서운 난자 채취가 없으니
배주사도 없어 몸도 마음도 완전 편해요.

오물오물

누워서
떡 먹기예요

근데 성공을
해야 말이죠…

하지만 냉동이식에도 복병이 있었으니
그건 바로 Solu-Medrol 주사.
주사 맞을 때도 아프지만 몇 초 지나면서
서서히 주사약이 엉덩이 전체 근육 사이사이로
미세하고도 꼼꼼히 스며드는 그 고통!

약 15분간
지속되는 고통
(주사 놔주시는
간호사쌤들도
미안해 함)

주사실

주사 맞은쪽 엉덩이부터
다리까지 쥐나는 느낌

나도 모르게
다이아몬드 스텝이
나오기도 함.
오예~ 아싸~

* 냉동이식: 시험관 아기 시술을 할 때 처음에 여러 개의
수정란을 만들어 이식하지 않은 것을 냉동시킵니다.
첫 번째 배아 이식 이후로는 냉동 보관된 수정란으로
배아 이식을 할 수 있는데, 이를 냉동이식이라고 합니다.
솔루메드롤(Solu-Medrol)은 염증을 완화시키고
이식 거부 반응을 줄여주는 주사로 보통 냉동이식 후 맞습니다.

## 텅 빈 마음

한두 번 겪는 일도 아닌데…
왜 이렇게 속이 텅 빈 것 같은지 모르겠어요.

"피검사 결과 나왔는데…
수치가 안 나왔어요"라는 전화 받고 나면
저도 모르게 인간 도넛이 됩니다.
매번 구멍 크기가 똑같아서 신기해요.

며칠이나 걸릴지 알 수가 없네…
준비를 어떻게 한담…
사람마다 다르니 물어보기도 그렇고…

수면바지 곧
벗을게요.
봄이네요.
-_-;

## 기약 없는 여정

난임을 겪으면서
가장 힘든 것 중 하나는 (한두 가지가 아니죠 네네)
이 여정이 얼마나 험난할지,
얼마나 오래 걸릴지 알 수 없다는 것.
자꾸 지쳐가는데 얼마나 더 가야 하는지
알 수 없다는 게 참 힘들어요.
내비게이션이 있어서 근방이라고,
다음 골목이라고, 모퉁이만 돌면
바로 나온다고 말해줬으면 좋겠어요.

내비언니의 옥부러지면서
은근 섹시한 목소리 좋아요~

## 굽신굽신

지난 주말에 중국에서 회사 손님들이 오셨습니다.
전 중국어도 못하고 중국 담당도 아니라서
그분들 토요일 하루 종일 서울 관광하실 때
굳이 저까지는 동원되지 않아도 충분했는데
자진해서 사진이라도 찍어드리겠다며 합류했죠.

그리고 어제는 실장님께 가서 이렇게 말했습니다.

필요하신 거 있으시면
시켜주십시오.
**열심히 하겠습니다!**
충성.

저 머리했어요.
6개월 만의
미용실 방문

아니,
로팀장
왜이래?

시험관 시술 한다고 올해 들어서 회사에 병가를 여러 번 냈더니
저도 모르게 굽신굽신하게 되네요.
제가 원래 이렇지 않았거든요…
실장님이 오히려 긴장하심.

어제 꿈에 말야…
내가 머리에 진주가 박힌
비녀를 꽂더라고…
이거 예사로운 꿈이
아닌거 같지 않아?

이번 달 바빠서
배란기 넘어간 거 아냐?
님 성모마리아임?

심각

## 태몽 예감

조금만 특이한 꿈이라도 꾸면
"이거 이거… 시방 태몽 아녀?!"
이러는 분들 있으시죠?
저만 이상한 거 아니죠?
아니라고 해주셈 흑.

## 입히고 싶은 코디

회사 행사 때문에 호텔에 갔다가 로비에서
초큐트 미니 인간 발견.
아기들만 보면(특히 꼬마 아가씨들)
고개가 저절로 휙 돌아갑니다.

그러면서 정말 예쁘게 입은 애들은 속으로 벤치마킹해요.
나도 나중에 저렇게 입혀야지. 저 발레리나 같은 치마 꼭 입힐 거야.

## 꿈같은 소식이 내게도

약 2년 동안 인공수정 3회,
시험관(냉동 포함) 5회를 진행하며 단 한 번도
피검사에서 수치가 나와준 적이 없는지라
믿기지가 않더라고요.

어안이 벙벙한 채로 전화를 끊고 나니
갑자기 눈물이 막 나오는 거에요.
밖에서 동료들과 밥 먹고 있는데 정말 울컥하고 눈물이…

막 우니까 다들 이번에도 또 실패해서 우는 줄 알고…
한동안 혼돈의 시대.

근데 좀 신기했던 거.

딱히 태몽이라고 하기는 좀 그런데 꿈에서
제가 조카들 선물 산다고
어린이용품 파는 가게에 갔어요.

가방을 살까 하고 열어보니
똑같은 가방이 또 있고

엉?

인형을 집어드니
두개씩 묶여 있는 거예요.
'어머 인형도
원플러스원이네'
했던게 기억이 남.

뭥미?

이식하고 3일, 혹은 4일째 밤이었는데…
참 희한한 꿈이네 그랬었죠.
그때는 별생각 없어서 남편한테도 나중에 말했어요.

제게도 이런 날이 올 줄이야…
믿기지가 않습니다.
이게 만약 꿈이라면
저 그냥 깨지 않고 꿈속에서 살고 파요.

## 임신한 것은 누구?

그나저나…
마누라 입덧에 동참하는 어이없는 곰돌 군.

마누라, 오늘 나도 그랬어!
점심 먹고 홍시스무디 먹고
누가 오는 바람에 바로 또
별다방에서 커피 마셨더니
헛배 부르면서 메스껍고
현기증 났어. 힘들었어.

하루종일
메스꺼워…

나도나도

잠시 뭔가 생각하는 것 같더니…

와! 나도 아기 낳았으면
좋겠다. 배도 들어가고!
배 나온 거 보면 낳을 때 된듯.
하하…

진짜
뭐니…

## 절대 다수

순식간에 헤게모니를 잡고 막강 파워로 떠오른 마눌.

내 말은 곧 법이니 나를 따르라

독재?

독재라니 무슨! 민주주의지. 애들까지 합하면 내 한몸이 가계인구의 75%, 절대다수야.

딱히 할말은 없네?

쌍둥이 인 더 하우스. 유노와람쌩?

**미지의 세계**

임신만 되면 마냥 행복할 줄 알았는데 막상 성공하고 나니
임신, 출산, 육아에 대해 모르는 것이 너무너무 많고
공부해야 하는 것도 많고 각종 검사를 앞두고 걱정이 되네요.

그리고 아직 배가 나올 때가 안 된 것 같은데
이 뽈록배는 뭔지….

(이건 지방이 몰리는 거래요. 흑.)

애들 아직 발 없어…
소화가 안돼서
부글대는 거여…

마누라!
애들이 발로
차는거 같아!

## 오버가 아니었구나

드라마에서 임신하면 밥상머리에서 웩웩거리고
화장실로 뛰어가고 그러잖아요.
전 그런 거 보면서 '에이~설마 저러겠어?
드라마니까 오버겠지…
맛있는 음식 앞에 두고 뭐하는 짓임?'
이렇게 생각한 적 있답니다.
어머머 근데요 그게 오버가 아니더라고요…(배우들께 쏘리)

524

남편 얼굴에서
비린내
나는 것 같아…
토할까…

콩콩

저도 제가 이렇게 예민해질지 몰랐답니다.
특히 음식은 저 진짜 안 가리고 다 먹거든요
(여성분들 잘 못 드시는 외모의 애들,
특이한 향의 외국 음식, 멍멍이탕 등등). 아니, 먹었거든요….

## 자식 사랑

입덧으로 냉장고도 열 수 없고
밥 냄새도 못 맡게 된 마누라를 위해 어쩔 수 없이
살림을 하게 된 곰돌 주부.

날 죽일
셈이냐?

어허
애들을
생각해서
먹는 거지

주말이면 요리도 하는 만능 주부로 탈바꿈하는 중이지만
메뉴 선정할 때 마누라보다 자식 사랑을 우선하는 것이 문제.
조금만 냄새가 나도 구토 쏠리는 마누라에게
심지어 청국장찌개, 돼지고기 보쌈, 생선구이를 강요하는 만행을….

겨우 먹고
하루종일 누워있었어요
ㅜㅜ

## 임신 초기

임신은 했으나 아직 외관상 티는 안 나는 초기.
입덧으로 메스껍고 토하고 힘들지만
직장을 그만둘 수는 없고(이거 말하자면 롱~스토리니 패스)
겨우겨우 다니고는 있으나 버스를 타도 알아주는 이 없고
회사에서도 멀쩡한 줄 알아서 정말 서글프네요.

차라리 임산부 티 팍팍 나는 D라인 분들이 부럽네요.

## 남들이 뭐라 하건

결혼 5년 만에 서른여덟이라는 나이로 시험관 시술 6번째에 성공.
조심스럽게 주위 사람들에게 임신 사실을 알리고 있는데 환하게
웃으면서 정말 축하한다고 말해주는 분들도 있지만…
아니 어떻게 네가 임신이 되느냐고 묻는 분들은 뭔지요.

좀 짜증 나지만 다 무시하고
그냥 행복 모드로 전환하겠습니다.
남들이 뭐라고 하건… 흥!

## 가족들의 반응

갑작스러운 38세 고령 임부의 출현으로 시댁, 친정 할 것 없이
온 집안 식구들이 안절부절.

올 필요 없다.
몸은 괜찮고?
집안일은
곰돌이 시켜.

작은 누나
몸도 약한데
심지어
쌍둥이?
오마이갓.

개 몸도 작고
팔도 가늘어...
회사도 바쁜데
걱정이야.

주여...
아버지 하나님...

시어머니          브라덜          씨스털          마덜

저 아직까지는 그럭저럭 잘 지내고 있어요.
모두들 돈워리.

저와 같은 상황의 모든 분
파이팅! 68년생 셀린디온 언니도
시험관으로 작년 쌍둥이 출산.

## 슬픈 태담

오늘 아침.

얘들아.
인생이란 어차피 혼자 사는 것.
외로움은 어쩔 수 없는
것이란다. 아빠가 있어도
엄마는 맨날 혼자 밥 먹고
외롭지 않니?
아랫직원 승진했다고
새벽에 들어오신 아빠의
부은 얼굴을 좀 보렴.

저기…
태담은 그렇게 하는 게
아니지 않나?

같은 부서 술꾼 총각들
내가 나서서
장가 보낼까 생각 중

밖에는 비가 오는데 새벽까지
잠 설친 마누라 걱정은 안 하고
술 마시고 놀다 온 곰돌, 아니 곰탱이.
각성하라! 각성하라!

## 눈치

외모와는 달리 은근히 눈치도 빠르고
관찰력이 있는 곰돌 군.

가끔 진짜 귀신 같아요.

## 쌍둥이를 낳는다는 건

불다방에서 쌍둥이를 원하는 회원님들이 은근 많은 것 같아요.
자, 그럼 이참에 어디 한번 쌍둥이에 대해 생각해보아요.

귀여운게 다가
아니랍니다 ~

많은 분들의 로망
남매둥이!
(영애언니 부법삼)

일단 쌍둥이를 임신하면
입덧이 더 심할
가능성이 높다고 함!

또 너냐
변기

남들은 티도
안 나는데
버스에서
자리 양보 받은
비운의
임신 14주

단태아 임산부와 달리
훨씬 빨리 나오고 많이 나오는 배!
아무리 크림, 오일 발라도
살이 튼다고 함.

산후조리원 예약 시 아기가 둘이므로
추가 비용이 들어감!
직장맘들 아기 봐주실 분 구하는 것도
만만치 않다고 하니 참고하시길
(돈 많이 줘도 잘 안 본다는 슬픈 제보가… 흑)

당연하겠지만
아기옷, 기저귀 등
거의 모든 아기용품을 따블로
구입해야 하기 때문에
돈이 팍팍 들어간다고 함.

## 커피보다 더 아쉬운 것

나이가 많아 슬픈 임산부
(고령… 어쩌고만 해도 깜짝깜짝 놀람)이기에
가끔 커피 한 잔 괜찮다고 해도 안 마시고 버티고 있습니다.
하지만 정말 의외로 당기는데 할 수 없어서 서글픈 것 중 하나.

줌인

클로즈업

손톱, 발톱 매니큐어 바르고 싶어요~~
(하지만 아세톤이 안 좋다고 함)

개인적으로 진한 화장은
실어하면서 야한 손톱은 좋아함.

## 곰돌 군의 최저가

럭셔 곰돌 남편.
뭘 사도 싸구려 싫어하고 퀄리티를 추구하심.

옆으로 누워잘 때 불편하다며?
그래서 남편이 보디필로
주문했어! 베스트 남편 맞지?
벨기에산이야. 천연고무 소재.
야~ 이런 남편 없지 뭐~
유 럭키우먼!

당당

또 얼마 썼냐…

최저가 검색해서 산 게 7만 원대라고…
To 곰돌 : 마누라 인터넷에서 산 3만 원짜리 원피스 입고 다닌다.

## 그분과의 첫날밤

끌어안고 다리 올리고 자는 보디필로 도착.

생각보다 크지는 않네.
어때 마누라?
다리 올려 볼래?

별로 그냥 그렇듯…

의심여왕

그리하여 벨기에산 그분과 첫날밤을 보낸 뒤…

나… 사랑에 빠진 것 같아.
지금까지 얘 없이 어떻게
살았지? 코고는 남편 따위
필요 없다.

베개에 밀린건가?
끙…

**안색**

입덧은 아니고…
너무 많이 먹어서
속이 부대끼네.
헤헤.

무식하게
먹긴 했어
솔직히

## 임산부의 여름휴가

여름휴가를 맞은 곰돌 부부.

남편은 하루 종일 게임하고

마누라는
아침 먹고 자고
점심 먹고 자고
밤에는 또 자고

회사 오니
일 하기
싫어 죽껬...

매우 유익하고 저렴한 휴가였습니다.

## 임신이 돼도 걱정

성공하기 전에는 임신만 되면
아무 걱정이 없을 줄 알았어요.
그런데 1차 피검 통과하니
2차 피검 수치 제대로 오를까 걱정되고
2차, 3차 통과하니 아기집 제대로 보일까
심장은 제대로 뛸까 걱정되고
(계류유산 겪어보신 분들은 아시겠지만…)

내가 정말 임신?
리얼리?
믿기지가 않아.

수치 제대로
안 오르면 어쩌지?
심장은 잘 뛸까?

팬티에 갈색 분비물
약간만 묻어나도
가슴이 철렁 내려앉고

목투명대
검사가 다가오면
갑자기 새벽 기도 나갈까
생각하게 되고

기형아 검사할 때 되니
밤잠 설치고

검사 결과 기다리는 시간이 천년만년 같네요.
평생 자식들 걱정이 끊임없는 친정엄마가 생각나서 울컥해요.

왜··· 왜 나는
안되는 건가요···
왜···
내가 뭘 잘못
했길래···

## 병원에서 울던 일

작년 2월, 세 번째 시험관 시술을 실패하고
병원을 나오다가 울고 말았습니다.
회사에 눈치 보이니까 아침 일찍 갔었는데
아직 사람이 많지 않은 병원 복도에 앉아
조용히 울다가 툭툭 털고 일어나 출근했죠.

그리고 8개월 넘게 병원에 가지 않았습니다.
또 울고 싶지 않아서요.
하지만 11월이 되고 달력이 한 장밖에 남지 않자
나이를 또 한 살 먹는다는 생각에 조바심이 나더군요.
곧 서른여덟이구나, 하면서요.

신경쓰이네 거…

달력
11
12

나 아직 포기가 안돼.
딱 한 장만 더 쓸게.

하… 한 장?

꾸역불끈

다시 시험관 시술을 시작, 세 번을 더 했습니다.
총 여섯 번 만에 정말 기적같이 쌍둥이를 품어
이제 13주, 오늘 난임 병원을 졸업했습니다.
선생님께 감사하다는 인사를 드리는데
저도 모르게 눈물이…
1년 5개월 만에 또 병원에서 울었습니다.
저 이제 다시는 울지 않을래요. 여러분, 힘내세요!
　　　　　　　　　　　　　　　　인생은 반전 드라마예요.

## 손금 또는 위로

우리 집은 기독교라 점을 보는 것을
매우 터부시했는데
시댁도 마찬가지여서 결혼 전 궁합도 안 봤다.
사주를 본 적도 없다.

몇 년 전, 유산을 하고 매우 힘들 때
미얀마에서 연구차 방한 중이던 여교수님이
손금을 봐준 적이 있는데
(관심이 있어 공부를 좀 하셨다고)
내게 아들이 둘 있다고 했다.
좋은 분이라 날 위로해주시는구나 했는데
세상에나. 참 신기하죠?

법학 교수님이시지만
그냥 개인적으로 손금을 공부하셨다고 했다.
주위 사람들을 심심풀이로 봐주고는 했는데
꽤 잘 맞았지만 자꾸 이 사람 저 사람 봐달라기에
부담이 되어 끊었다고 하셨다.
근데 너는 내가 특별히 봐주겠노라며
아주 심각하게 30여 분간 진행.
하지만 난 워낙 그런 걸 안 믿으니까
한 귀로 듣고는 흘려버렸다.
당시에는 애를 하나 이상 낳을 거라는
상상도 못 했으니까.

임신을 하고 안정기에 접어들자
바로 교수님께 이메일을 보냈다.
대단한 일이 일어났다고.
임신을 했는데 쌍둥이라고. 캔 유 빌리브!

답변 : I know.

## 내 사랑 기특이

주말이면 하루 종일
보디필로 '기특이'를 애용한다
(거의 항상 누워 지낸다는 소리임 −_−;;).

주로 이런 자세.
매우 컴포터블.

나야 나,
오리지널 기특이!

샥

은근 빠르다
보기와 달리

끄갸!
뭐야 갑자기!

깜짝

오늘의 결심 :
남편도 가끔(예의상) 예뻐해주자. 안 그래도 곧 찬밥 될 텐데.

## 애를 써봐도

아침에 샤워하고
머리 드라이해주고
화장하고
새로 산 옷 입고 출근.

그러나 결과물은…
그냥 평범한 아줌마(심지어 임신한 아줌마).

화장을 해도
아줌마

나오자마자 뻗치기
시작하는 머리

새 옷이지만
그래봤자 임부복

오늘도 장화

**산부인과**

길 하나 건넜을 뿐인데
ㅊ병원 불임센터와 본원 일반 산부인과는
뭔가 좀 느낌이 많이 다르네요…

졸업하고 첫 진료라
다소 긴장했음. 휴!

원하시면 자연분만 해드려요.
쌍둥이는 오히려
작아서 괜찮아요.
수술 원하시면
그것도 OK.

고객
만족이
우선

불임센터 쪽에서는
거의 듣지 못했던 '분만'이라는 단어가
막 아무 때나 자주 등장함.
의사쌤께서 첫 대면부터 '분만'에 대해 말씀하심.
약간 생소.

과감한 분들도 있군요~

다양한 D라인 분들이 마구 왔다갔다 하심.
버라이어티한 임부복 패션을
구경할 수 있어 나름대로 재미있음.
임신에 성공해도 걱정하고 불안해하는 게 아니라 뭐랄까…
좀 밝고 걱정 프리한 분위기?
건강한 임신과 출산은
당연하다는 긍정적인 느낌이 팽배.
고령 임산부인 저도 자신감을 갖게 되네요.

I can
do it!

아자

아무튼 여러모로 새로운 경험이었어요.
일반 산부인과,
아직 적응이 안 되었는지
불임센터가 그립기도 해요. ㅎㅎ

원쌤 그리워용~

**기특이와 함께라면**

에어컨 on

여름나기…

보디필로
기특이를
바람에 쐰다

시원해진 기특이를
안고 잔다
(죽부인 따위 흥!)

마누라 기다려!
같이 자야지
의리 없게 뭐냐?

## 잊지 말자, 올챙이 시절

회사에서 뭐라고 하건 말건
칼퇴근을 해도 집에 오면 피곤해죽겠고
대상포진 재발하는 것 같아 인터넷 찾아보니
인스턴트 피하라고 해서
힘들어도 밥하고 반찬해서 꾸역꾸역
먹고 나면 배가 점점 불러와 움직이기도 힘들고
이제 겨우 20주에 이러면
어쩌라는 건지 심하게 걱정되고
화장실 가느라 밤에 서너 번은
기본적으로 깨니 아침에도 피곤하고…

친정 가까운
사람들 부러워 …

투덜투덜
구시렁 구시렁

다크서클

하지만 이러다가도 반성합니다.
작년 12월 뜬금없이 새벽기도 나가고,
겨우 몇 달 전까지만 해도 임신만 하게 해달라고
울며 기도하지 않았느냐고,
인생 그렇게 얍삽하게 살지 말라고
스스로를 혼냅니다.
Do you remember 올챙이 시절?

아 맞다!
그랬었지 …
정신 차리자 …

나의 과거

559

**사육**

토마토 갈았다.
깔끔하게 원샷.

배 부르다고?
그래도 두부 부친 거
하나만 더.

오늘 견과류 안 먹었지?
호두 다섯알만 먹자.
배 불러도 먹으면 들어가.

애들을 건강히 키우고 싶은 남편의 마음도 이해는 되지만…
저 왠지 사육당하는 느낌이 들어요.

## 아름다운 사람들

버스 운전기사 바로 뒤에 앉았다가 내가 타자마자
바로 일어나서 자리 양보해준 20대 후반 언니.
양보 받은 거 처음이라 감동 받았어~
수줍게 "감사합니다" 한 마디밖에 못한 거 미안해.
고마웠어, 진짜로.

버스 제일 뒷자리밖에 없길래 불편하지만
거기 앉아야겠구나 하고 뒤로 가고 있는데
벌떡 일어나서 "여기 앉으세요" 해준
20대 중반 상큼 언니. 복장을 보아하니
직딩 같지는 않던데 좋은 데 취직하기 바랄게.
진짜 땡큐였어.

말없이 일어나길래 '내리나보군' 하고 자리에 앉았더니
나보다 한 정거장 전에야 내린 참한 30대 초반 언니.
싱글이면 착하고 능력 있고 머리숱 많은 남자 만나서
결혼하기 바람. 결혼해서 애 둘 낳고 살아.

며칠 전 아침 출근하는데 자리 양보해준
40대 중반 아주머님. 젊은 사람들이랑 남자들
다 앉아 있는데 내가 타는 거 보시자마자
반사적으로 일어나주신 거 정말 감사했어요.
그날 이상하게 아침부터 어질어질했는데 눈물 날 뻔 했어요.
건강하시고 항상 행복하세요.


임신 6개월이지만 배가 많이 나와서
다들 7개월은 넘었다고 생각.
예정일이 12월이라고 하면 다들 놀라며 되묻는다는… −_−
티 팍팍 나도 신기하게 남자들은
버스에서 자리 양보 절대 안 합니다. 어찌된 일일까요?
심지어 50대 아저씨 한 분은 제 배를 보다가
저랑 눈 마주치고 다시 배를 보더니
창밖으로 시선 고정.(아저씨, 그렇게 사는 거 아니에요)

세상에는
엄마도, 여동생도, 누나도,
아내도, 딸도 없는
남자들이 의외로 많은가봐요.

**임신출산박람회**

주말에 임신출산육아박람회에 다녀와서 느낀 점 :

# Baby = 돈

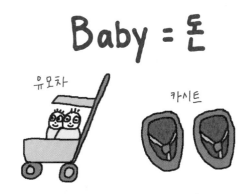

유모차

카시트

살 게 정말 무궁무진하더라고요…(한숨 푹푹).

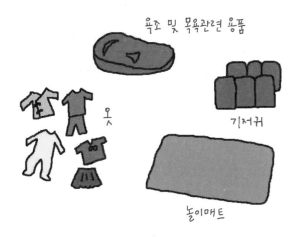

욕조 및 목욕관련 용품

옷

기저귀

놀이매트

**정곡**

3주 만에 병원에 다녀왔음.

무표정한 담당 선생님…

뭐든 있는 그대~로 정확히 말씀해주시는 그분.

알겠어요. 앞으로 간식 자제하겠어요.

과자, 초콜릿, 핫초코 끊겠어요. 흑.

**좋을 때**

똑바로 눕게 되면
애들이 너무 무겁고(둘이다보니…)

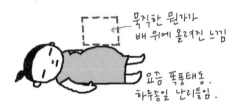

묵직한 뭔가가
배 위에 올려진 느낌

요즘 폭풍태동.
하루종일 난리틈임.

왼쪽으로 눕는 게 좋다는 말에
그렇게 해보지만…

툭툭
엄마, 나 왼쪽둥이 눌려염.
답답해 답답해!

오른쪽으로 누워 보지만
오른쪽 둥이도 만만치가 않고…

엄마, 나 오른쪽둥이에염.
왼쪽애가 깔아뭉개염! 헬프미!

힘들다고 했더니 아는 언니가 그러더군요 :

"낳고 나면 더 힘들어.
지금이 좋을 때야."

**오해**

회사의 환경미화 담당 아주머니께서도

거래처 직원 분도

어휴 힘드시겠네…
예정일이 언제에요?

12월인데요.

10월이요?
어쩐지…

아… 아뇨.
10월이 아니라 12월…

제 스스로 거울을 봐도 좀 부담스럽기는 함.

## 말려주세요

서른셋에 결혼, 별생각 없이 2년이 지나고
자연 임신 성공.
그러나 7주쯤에 계류유산으로
아이를 잃고 또 생기겠지… 했으나 감감 무소식.
한의원을 다니다가 별 소득 없어 강남 ㅊ병원 입성.
인공수정 3회 실패,
시험관(냉동이식 포함) 5회 실패, 6회째 성공.
현재 나이 서른여덟, 임신 7개월입니다.

이렇다보니 저도 모르게 회사 신입 직원이
내년 봄 결혼을 앞두고 집 구하는 얘기를 하고 있는데
느닷없이 이렇게 말해버리고 말았다는….

저 좀 누가 말려주세요.

## 내 집 같은 편안함

임신성 당뇨 검사 재검 받았음.
전날 저녁식사 이후로 금식, 물도 No.
아침을 안 먹으면 아무것도 못하는 줄 아는 나에겐
너무 큰 시련…

애니웨이,
내과 선생님을 잠깐 만난 후 9시 1차 채혈.
걸죽한 설탕물 비스무리한 액체 한 병 원샷.
10시 2차 채혈.
11시 3차 채혈.
12시 4차 채혈.

정작 나를 힘들게 한 것은
채혈 중간 중간의 대기시간.
커피숍에서 뭐 한 잔 할 수도 없고
운동도 하지 말라고(게다가 밖에는 비) 하니
도대체 가만히 앉아서 뭘 하라는?

9시~10시
독서하는 여자

10시~11시
책 보는척하며 조는 여자

11시~12시
병원 대기실이 안방인줄
알고 숙면 취하는 여자
ㅡㅡ;;

저… 병원이 너무 편해진 걸까요?
긴장하고 뭐 이런 건 없는 건가봐요… 흑.

## 임신성 당뇨

'산 넘어 산'이라고들 하죠.

어렵사리 38세에 시험관 아기 시술로 임신해서
좋아하고 있었는데 아니 웬 쌍둥이!
그러나 제가 찬밥, 더운밥 가릴 형편은 아니고
(시험관 6번째였거든요) 감사하게 생각했죠.
역시 배도 빨리 불러오고 몸도 많이 힘들구나 했더니
아니 또 웬 임신성 당뇨! 게다가 빈혈!
보너스로 단백질 부족!

태어나서 처음으로 식이요법을 하려니 이거 보통 일이 아니네요.
단백질 섭취는 평소의 몇 배로 늘려야 하고
(원래 고기를 별로 안 좋아해서) 과일도 조심해야 하고
밥보다 좋아하는 빵이며 각종 달달한 애들과 굿바이…
게다가 밥만 먹으면 무조건 20~30분 운동해줘야
혈당이 떨어진답니다.

어젯밤 어두운 얼굴로
아파트 단지 뱅뱅 돌던 아줌마가
저예요. 겁 먹지 마세요.
사람을 해치진 않아요.

## 단백질이 문제

임신성 당뇨를 위한 식이요법 중인 마눌.

무미건조하고
기쁨이 없는 식사시간

짭짭

현미밥

채소

두부

달걀말이

다시마

건강검진을 한 달 앞둔 곰돌 님께서 작년처럼
비만, 단백질 과다 나올까봐
지금부터 다이어트 들어가신답니다.

마누라는 단백질 부족,
남편은 과다...
한솥밥 먹는 거 맞나요?

**캥거루보다는 낫군**

내일이면 30주, 쌍둥이 임신이라 배가 남산.
오늘은 갑자기 새들이 부러운 거예요.
걔들은 알을 낳아서 품어 키우잖아요.
사람은 자궁 안에서 다 키워가지고 낳으려니까
엄마가 얼마나 고생이에요.

좋겠다 니들은.
쉽게들도 낳던데.

흥!

저 아줌마 뭐여?

그런데 생각해보니 우리보다
더 수고하시는 분들이 계시더라고요…

호주댁, 미안햐. 내가 생각이 짧았네그랴.

**쌍둥이 출산 5주 전**

출산을 5주 앞두고⋯

어떻게 누워도 숙면을 취할 수 없어 수시로 깨며,
화장실도 여러 번 들락날락.
그래서인지 만성피로.
그렇지 않아도 고령 산모라 풋풋함 제로인데⋯
아오~ 비주얼 좀 그러네요.

쾡~

회사에서는 자꾸 저도 모르게
개거만한 사장님 포즈가 나오며…

보고 하는 자

보고 받는 자

실장님
쏘쏘리

쌍둥이 맘님들은 잘 아시겠지만
배가 진짜 많이 튀어나왔잖아요(일명 미사일배).
세수나 양치할 때도 배 때문에
엉덩이를 뒤로 빼야 하니 불안정한 자세가 되고
설거지나 요리하기도 힘들고…
아무튼 뭐든 불편해 죽겠네요.
출근하려고 샤워하고 나면 급 피곤해져서
회사 가기 싫어져요. ㅠㅠ

아우 허리야

엉거
주춤

시험관 시술할 때는 임신하면 날아갈 줄 알았는데
초기에는 입덧이라는 복병이 있고 중기는 좀 살 만한데
오우 임신 후기는 정말 만만하지 않습니다.
그래도 초심으로 돌아가 감사하며 출산을 기다릴게요.

**코골이**

아침에 일어나보니 남편이 거실에 나와
소파에서 새우잠을…

컥, 쏘리 곰돌.
(저도 가끔 제 코 고는 소리에 깰 정도… 점점 더 심해지고 있음)

임신해서 그런거죠?
출산 후에는 괜찮아지나요?

**협조를 부탁한다**

애들이 협조를 안 해주네요.

병원에서는 쌍둥이라 위험하다고
회사 업무를 빨리 정리하라는데 일은 많고…
다음 주부터는 걷기도 힘들어진다고 확 겁을 주시네요. 흑.

# Let's learn about
# Twins

올만에 인사
드리는 로빈슨의
배꼽인사

난임 특성상 쌍둥이를
원하는 분도 많고
현재 쌍둥이를 임신한 분들,
그리고 쌍둥이 키우고 계시는 분들
많을 것 같아서 올려보는
트윈 특집. ㅎㅎ

일단 쌍둥이 엄마가 되기 위해
가장 필수인 것은 다름 아닌… 체력!!!
임신 기간에도 그렇고
출산 후에는 더더욱 중요합니다.
몸에 좋다면 일단 게걸스럽게
섭취해보아요~
비타민 필수, 철분 굿.
출산 후에는
하우어바웃 칼슘 추가.

그래도 너무
이러면
이상하겠죠?
ㅋㅋㅋ

사실은 근육 따위
키우지 않아요~

애 하나 낳기도 힘든데 둘 생산.
한 방에 가계 인구 '따블'시키는 거
이거 정말 대단한 일인 겁니다.
그래서 산후조리가 완전 중요한 거죠.
친정엄마, 시어머니…
뭐 잘 해주실 수도 있지만
전 개인적으로 산후조리원 추천.
조리원 나가는 순간부터
개고생이라고 보시면 딱 맞습니다.

잘 먹고
잘 쉬어야 해요.
곧 지옥의 문이
열리니까요…

배 마사지 추천
느낌상 배 들어갈듯

잠 많이 자면
토막토막 모아서
두시간입니다.
세수할 시간,
밥 먹을
시간 없음

출산 후 처음 몇 달은 제발 꼭
플리즈 입주 도우미를 쓰세요.
전 조리원에서 나간 후 한 달 동안
친정엄마랑 해보겠다고 버텼는데
지금 와서 생각해보면
왜 그랬는지 모르겠어요.
완전 몸 다 망가지고 우울증 옵니다.
절대 비추.

쌍둥이에 대한 환상을 깨는 것 같아 죄송한데
제가 너무 무식해서 쓸데없는 고생을 많이 한 탓에
알려드리면 도움이 될까 해서요. ^^;;

그리고 한 가지 더:

모든 쌍둥이들이 이영애 아들딸처럼
예쁘진 않습니다. 저희집 애들은
솔직히 그냥 그래요.
하긴. 제가 이영애는 아니죠. ㅡㅡ

## 고마웠어요, 따뜻한 격려

결혼한 지 몇 년 되었는데 애가 없자
점점 외톨이가 되어가더라고요.

나이는 자꾸 먹고… 병원에 다니기 시작했습니다.

모르는 건 너무 많은데 너무 바쁜 의사쌤과
간호사쌤은 충분히 설명해주실 시간이 없고
인터넷을 들어가보면 온갖 전문용어…
도대체 뭔 소린지. 이러다가 어찌어찌하여
카페 불다방을 알게 되었습니다.
처음에는 뻘쭘했죠,
글이나 좀 읽고 왠지 어색해서 슬쩍 나오고…

그런데 한번 발을 깊게 들이자
오마이갓 이것은 신세계!

이곳에서 정말 많은 정보를 얻었고,
시험관 시술 실패하고 우울할 때마다 위안 받았고
나는 혼자가 아니라는 생각을 하게 되었고
격려와 응원을 받았습니다.
회원들 모두 완벽한 사람들은 아니겠지만
(바로 제 얘기죠, 네네 흠집투성이) 좋은 분들,
따뜻한 분들 정말 많아요. 개인적으로 정말 감사감사.

불다방 파이팅. 불다방 포에버.

590

요즘 제가 자주 들락날락 하지
않는다고 해서 사랑이 식은 건 아닙니다.
아이러브 불다방 ♡

지금 아기 안 생긴다며 걱정하고 우울해하시는 분들…
긴긴 터널 속에 있는 것 같죠?
영영 아기가 오지 않으면 어떻게 하나 좌절하는 날도 있죠?

그런데요…
그러다가 정말 어느 순간 덜컥 임신이 됩니다. 진짜예요.
아무렇지도 않게, 지금까지 고생한 거 비웃는 것처럼
척! 하고 임신이 되더라고요.
그리고 나면 입덧에 뭐에 배는 불러오고
후딱 시간이 흘러 흘러 출산.
이때부터 지금까지의 자유로웠던 시간이
베리베리 그리워지게 된답니다.
금방 그렇게 되니까 지금의 자유, 지금의 여유,
지금의 둘만의 시간, 만끽하세요!!

아기는 옵니다.
드럽게 속 썩이더니 오긴 오더라고요.
조금만 더 버티세요. 파이팅!

## Epilogue

나는 40대 초반의 직장 여성이다.

30대에 결혼을 해서 30대 후반에 엄마가 되었다.

조금 특이한 점이 있다면 쌍둥이를 낳은 것 정도랄까.

그 외에는 너무 평범해서 딱히 내세울 것이 없는 사람이다.

이렇게 평범한 아줌마가 책을 내게 되다니

대단히 놀랍고 기쁘고 영광스럽다.

이게 다 우연한 계기로 블로그를 하게 된 덕분인 것 같다.

많은 사람이 겪는 일상적인 상황을 담고 있는

그림과 글이 모여 책이 될 수도 있다니 신기할 따름이다.

그러고 보니 마흔 넘어서까지 초등학생처럼 그림일기를 쓰는 것이

남들에게는 조금 신기해 보였는지도 모르겠다.

블로그를 하게 된 계기에 대해 말하자면 조금 사연이 있다.

결혼하고 2년 만에 임신을 했다.

하지만 바로 유산되었다.

유산을 한다는 게 그렇게 힘든 일인지 상상도 못했다.

마음은 물론이고 온몸이 아팠다.

그리고 1년 뒤쯤 병원을 다니기 시작했다.

아기를 갖고 싶었다. 남편 닮은 아기를 낳고 싶었다.

남들처럼 유모차 밀면서 산책도 하고 싶었다.

마트에 가서 카트에 아기를 앉히고 식료품도 고르고 싶었다.

하지만 인공수정 3회, 시험관 시술 3회를 모두 실패하자

병원에 더는 갈 수가 없었다.


그러나 얼마 안 가 늘 정리되어 깨끗하고 조용한 집이

쓸쓸하게 느껴지기 시작했다. 남편이 야근을 하는 날이면

텅 빈 집에서 보지도 않는 TV를 틀고 뉴스 앵커의 목소리나

오락 프로그램의 시답잖은 농담을 들으면서 밥을 먹었다.

점점 그런 시간이 견디기 힘들어졌다.

책을 읽고 영화를 보고 사진을 찍고 빵을 굽고

통역학원에 등록을 했다. 그러다가 블로그도 하게 되었다.

마음 내키는 대로 사진 찍어 올리고

글 쓰고 그림도 그릴 수 있었다.

외톨이인 내가 숨어서 혼자 놀기에 참 좋은 공간이었다.

블로그를 하다보니 불임을 겪는 사람들이 모여

소통하는 온라인 카페가 있다는 사실도 알게 되었다.

나와 비슷한 상황에 처한 사람이 꽤 많다는 사실도 알게 되었다.

내 주변에는 임신을 걱정하는 사람이 없어서

늘 '왜 나만 이럴까' 싶었는데,

카페에는 많은 사람이 나처럼 아파하고 외로워하면서도

씩씩하게 아기를 갖기 위한 노력을 하고 있었다.

그러자 다시 도전하고 싶어졌다.

네 번째로 시험관 시술에 도전하던 어느 날,

그림을 그려 카페에 올려봤다.

힘든 상황이라도 만화체로 그리니까 웃을 수 있었다.

마음도 가벼워졌다. 의외로 카페의 반응도 좋았다.

다들 힘들 텐데도 격려해주고 응원해줬다.

그래서 계속 그림을 올리면서 네 번째, 다섯 번째의

시험관 시술 실패를 버텨나갔다.

그리고 진짜 마지막이라고 생각하고 도전한 여섯 번째

시험관 시술이 성공을 해 서른여덟 끝자락에 엄마가 되었다.

심심하고 염세적이던 내 블로그는 순식간에

임신출산육아 블로그로 변신했다. 희망적이고 활기차졌다.

카페 회원들이 많이 놀러 오면서 이웃이 늘더니,

요즘에는 상큼한 아가씨 이웃도 꽤 생겨나고 있다.

이게 웬일인지 모르겠다.

블로그 얘기가 나왔으니 말인데,

나는 어릴 때 캐나다로 이민을 가 그곳에서 학교를 다녔다.

나 혼자만 동양인이라 늘 쓸쓸했다.

머리 노랗고 눈 파란 친구들과 아무리 어울려봐도

나는 항상 달랐다. 당연하고 어쩔 수 없는 사실이지만

중고등학교 때는 그게 그렇게 싫었다. 오로지 평범하고 싶었다.

대학을 졸업하고 한국에 다시 오면서

더는 외롭지 않을 줄 알았으나 그것도 아니었다.

외국에서 살다 와서 생각이 다르다는 둥

말투가 도전적이라는 둥 발음을 굴린다는 둥

유쾌하지 않은 얘기를 숱하게 들었다.

어디에 가도 잘 못 끼고 겉돌았다.

성격상 힘들 때면 집에 틀어박혀서 책을 읽는데

(물론 기분이 좋을 때도 읽고 할 일이 없을 때도 읽지만)

책 주인공들은 대부분 어려운 일을 겪으며 스스로 딛고 일어서

열심히 사는 경우가 많아 위안을 주기 때문이다.

초등학교 때 재미있게 읽고 또 읽었던

〈로빈슨크루소〉만 해도 그렇다.

무인도에 고립되었어도 어찌나 성실히 부지런 떨며

이것저것 만들고 먹고 잘도 사는지.

세상은 어쩌면 사람들로 가득 차 있는

무인도일지도 모른다는 생각을 가끔 한다.

하지만 외로워도 슬퍼도 안 울고 잘 살아야 한다.
결혼도 하고 애도 낳으면 삶이 걷잡을 수 없이 복잡해지지만,
그래도 꿋꿋하게 살아가야 한다.
로빈슨크루소를 롤 모델로 삼되 나는 한국 여자니까
'슨'을 '순'으로 바꾸어 버터 냄새를 없애는 동시에
아줌마의 푸근함을 더하는 센스.
그래서 블로그 이름도 로빈순이 되었다.

대부분 블로그를 통해 공유된 내용이지만
책의 형태로 묶는다는 것은 내가 지금까지 해보지 못한
또 다른 작업이었다. 다행히 많은 도움을 받아
초행길인데도 힘들지 않았다.
회사 일과 육아에 치여 내 삶이 내 삶이 아닌 듯한 와중에도
책 작업은 즐거웠다. 아니, 즐거운 정도가 아니라 재미있고 신이 났다.
내 그림과 글이 모여 책이 된다니 마음이 헬륨 풍선 같았다.
최근 들어 이렇게 가슴이 두근거린 적이 있나 모르겠다.
그동안 응원해준 가족, 친구, 지인, 블로그 이웃들께 감사하다.

그리고 잔소리는 할지라도 마누라 기는 절대 꺾지 않는 남편.
곰돌 군은 삶의 동반자이자 육아 전쟁터에서 전우이자
그림일기의 소스이고 내 곁을 지키는 한 그루 큰 나무다.
고맙다. 사랑한다.
(이건 비밀이면서 진짜인데 다시 태어나도 곰돌 군과 결혼할 거다.)

마누라
도대체
왜이래?

다시 태어나면
나랑 또 결혼
할거야?할거지

# 미세스
# 로빈순
# 표류기

1판 1쇄 인쇄 2014년 9월 5일 | 1판 1쇄 발행 2014년 9월 22일

**지은이** 로빈순

**발행인** 김재호 | **출판편집인 · 출판국장** 박태서 | **출판팀장** 이기숙
**기획 · 편집** 송기자 | **아트디렉터 · 디자인** 김영화 | **교정** 황금희
**마케팅** 이정훈 · 정택구 · 박수진
**펴낸곳** 동아일보사 | **등록** 1968.11.9(1–75) | **주소** 서울시 서대문구 충정로 29(120–715)
**마케팅** 02–361–1030〜3 | **팩스** 02–361–1041 | **편집** 02–361–0858
**홈페이지** http://books.donga.com | **인쇄** 삼성문화인쇄

**ISBN** 979-11-85711-28-7 13590 | **값** 15,800원